Mathe für Wirtschaftswissenschaftler: Analysis

Teresa Marquardt

Mathe für Wirtschaftswissenschaftler: Analysis

Mit einfachen Erklärungen stressfrei durchs Studium

Unter Mitarbeit von Annalena Wels

Teresa Marquardt
Kiel, Deutschland

Studybees GmbH
Mannheim, Deutschland

ISBN 978-3-662-63497-4   ISBN 978-3-662-63498-1 (eBook)
https://doi.org/10.1007/978-3-662-63498-1

Die Deutsche Nationalbibliothek verzeichnet diese Publikation in der Deutschen Nationalbibliografie; detaillierte bibliografische Daten sind im Internet über http://dnb.d-nb.de abrufbar.

© Springer-Verlag GmbH Deutschland, ein Teil von Springer Nature 2021
Das Werk einschließlich aller seiner Teile ist urheberrechtlich geschützt. Jede Verwertung, die nicht ausdrücklich vom Urheberrechtsgesetz zugelassen ist, bedarf der vorherigen Zustimmung des Verlags. Das gilt insbesondere für Vervielfältigungen, Bearbeitungen, Übersetzungen, Mikroverfilmungen und die Einspeicherung und Verarbeitung in elektronischen Systemen.
Die Wiedergabe von allgemein beschreibenden Bezeichnungen, Marken, Unternehmensnamen etc. in diesem Werk bedeutet nicht, dass diese frei durch jedermann benutzt werden dürfen. Die Berechtigung zur Benutzung unterliegt, auch ohne gesonderten Hinweis hierzu, den Regeln des Markenrechts. Die Rechte des jeweiligen Zeicheninhabers sind zu beachten.
Der Verlag, die Autoren und die Herausgeber gehen davon aus, dass die Angaben und Informationen in diesem Werk zum Zeitpunkt der Veröffentlichung vollständig und korrekt sind. Weder der Verlag noch die Autoren oder die Herausgeber übernehmen, ausdrücklich oder implizit, Gewähr für den Inhalt des Werkes, etwaige Fehler oder Äußerungen. Der Verlag bleibt im Hinblick auf geografische Zuordnungen und Gebietsbezeichnungen in veröffentlichten Karten und Institutionsadressen neutral.

Springer Gabler ist ein Imprint der eingetragenen Gesellschaft Springer-Verlag GmbH, DE und ist ein Teil von Springer Nature.
Die Anschrift der Gesellschaft ist: Heidelberger Platz 3, 14197 Berlin, Germany

Vorwort

Liebe Studentin, lieber Student,

in deinen Händen hältst du ein ganz besonderes Werk. Warum? Tatsächlich gibt es schon sehr, sehr viele Bücher zum Thema Analysis. Alle beleuchten die Thematik aus den unterschiedlichsten Perspektiven. Aber keines konzentriert sich auf das Allerwichtigste: auf dich. Wir von Studybees haben den Inhalt perfekt an Studierende der Wirtschaftswissenschaften angepasst. Mit einfachen Erklärungen begleiten wir dich durch das ganze Semester und ersparen dir Stress in der Klausurphase. Das Werk baut dabei auf unserer langjährigen Arbeit mit Studierenden auf. Unsere Autorin ist selbst noch Studentin, arbeitet als Tutorin an der Uni und hält klausurvorbereitende Studybees-Crashkurse. Dadurch weiß sie, worauf es in den Matheklausuren für Wirtschaftswissenschaftler ankommt und wie auch du das Fach meistern kannst.

Falls du uns noch nicht kennst: Wir sind Studybees, ein junges Start-up aus Mannheim. Gegründet haben wir es im Studium, weil wir uns manchmal selbst Unterstützung gewünscht, sie aber nicht gefunden haben. Seitdem helfen wir Studierenden dabei, ihr Studium erfolgreich und entspannt zu meistern. Dafür bieten wir lokal stattfindende Crashkurse zur Klausurvorbereitung an. Zusätzlich findest du auf unserer Website auch Onlinekurse, Nachhilfe sowie weitere interessante und hilfreiche Angebote rund ums Studium. Wenn du also ganz unkompliziert das Beste aus deinem Studium herausholen möchtest, schau vorbei auf www.studybees.de.

Wir wünschen dir viel Erfolg bei deinen Klausuren und im Studium!
Deine Studybees

P.S.: Unser Ziel ist es, mathematische Sachverhalte möglichst einfach und intuitiv für Wirtschaftswissenschaftler darzustellen. Deswegen kann es vorkommen, dass wir an einigen Stellen etwas vereinfachen und daher womöglich nicht die Sprache nutzen, die z.B. im Mathematikstudium angebracht wäre. Damit ist das Buch hervorragend für dich als Wirtschaftswissenschaftler geeignet. Bist du ein Mathe-Student, wirst du hier vermutlich nicht alles finden, was du für deine Klausurvorbereitung brauchst.

Inhalt

Vorwort V
Inhalt VII
1. Einführung 1
   Analysis – Was ist das überhaupt? 1
2. Basics 3
   2.1. Summenzeichen 3
   2.2. Mengenlehre 6
3. Folgen und Reihen 11
   3.1. Zahlenfolgen 11
   3.2. Reihen 15
4. Funktionen – Grundlagen 21
   4.1. Einführung 21
   4.2. Definitionsbereich und Wertebereich 22
   4.3. Funktionstypen 23
   4.4. Verschieben, Strecken und Spiegeln von Graphen 34
   4.5. Symmetrie 37
   4.6. Verketten von Funktionen 38
   4.7. Inverse einer Funktion 39
   4.8. Stetigkeit und Differenzierbarkeit 40
5. Nullstellen 43

- 5.1. Einführung 43
- 5.2. Polynomdivision 48
- 5.3. Nullstellennäherung bei komplexen Funktionen 50
6. Grenzwerte 57
    - 6.1. Funktionssprünge und Definitionslücken 57
    - 6.2. Verhalten im Unendlichen 59
    - 6.3. Zusammenhang von Grenzwert und Stetigkeit 64
7. Differentialrechnung 67
    - 7.1. Einführung 67
    - 7.2. Anleitung zum Ableiten 69
    - 7.3. Monotonieverhalten 73
    - 7.4. Konvexität und Konkavität 75
    - 7.5. Taylor-Approximation 78
    - 7.6. Elastizität 80
    - 7.7. Stationäre Punkte: Extrempunkte 82
    - 7.8. Stationäre Punkte: Wendepunkte 86
    - 7.9. Stationäre Punkte: Sattelpunkte 88
    - 7.10. Zusammenhänge zwischen Funktion und Ableitungen ... 91
8. Integralrechnung 93
    - 8.1. Einführung 93
    - 8.2. Anleitung zum Integrieren 94
    - 8.3. Bestimmtes Integral 97
    - 8.4. Zusammenhänge 102
9. Mehrdimensionale Funktionen 105
    - 9.1. Einführung 105
    - 9.2. Partielle Ableitungen 106
    - 9.3. Partielles Differential 110
    - 9.4. Totales Differential 111

- 9.5. Grenzrate der Substitution 111
- 9.6. Partielle Elastizität 113
- 9.7. Homogenität 114
- 9.8. Extrempunkte 117
- 9.9. Optimieren unter einer Nebenbedingung 119
- 10. Lern- und Klausurtipps 123
- 11. Formelsammlung 125
  - 11.1. Potenzgesetze 125
  - 11.2. Wurzelgesetze 125
  - 11.3. Logarithmusgesetz 125
  - 11.4. Betrag 126
  - 11.5. Summen und Doppelsummen 126
  - 11.6. Intervalle 126
  - 11.7. Folgen und Reihen 126
  - 11.8. Symmetrie 127
  - 11.9. Nullstellen von quadratischen Funktionen 127
  - 11.10. Grenzwerte 127
  - 11.11. Ableitungen 127
  - 11.12. Monotonie, Konvexität, Konkavität 128
  - 11.13. Taylor-Approximation 128
  - 11.14. Elastizität 129
  - 11.15. Integralrechnung 129
  - 11.16. Mehrdimensionale Funktionen 130

Stichwortverzeichnis 133

1. Einführung

Analysis – Was ist das überhaupt?

Die Analysis ist ein Teilgebiet der Mathematik und beschäftigt sich in erster Linie mit der Differential- und Integralrechnung. Auch Grenzwerte von Folgen und Reihen sowie die Stetigkeit von reellen Funktionen sind Teilgebiete der Analysis. Auf dieser Basis kann man dann reelle und komplexwertige Funktionen untersuchen (Nullstellen, Extrempunkte etc.), wodurch sich Probleme der Naturwissenschaften, aber auch der Wirtschaftswissenschaften lösen lassen. **Analysis**

Zurückzuführen ist die Analysis auf Gottfried Wilhelm Leibniz und Isaac Newton, die im 17./18. Jahrhundert unabhängig voneinander per Infinitesimalrechnung die Grundlagen der Differential- und Integralrechnung erforscht haben. **Leibniz und Newton**

2. Basics

2.1. Summenzeichen

Das Summenzeichen vereinfacht die Schreibweise komplexer Summen:

Summen

$$\sum_{i=1}^{n} a_i = a_1 + a_2 + a_3 + a_4 + \cdots + a_n$$

Dabei ist i der Laufindex (hier: $i = 1 \rightarrow 1$ ist die untere Grenze), n die obere Grenze und a_i die betrachtete Funktion bezüglich der Laufvariablen. Das Ergebnis der Summe erhält man dann durch Einsetzen aller ganzen Zahlen von der unteren bis zur oberen Grenze in die Funktion. Zur Verdeutlichung:

$$\sum_{i=-1}^{1} 3i + i^2 = 3 \cdot (-1) + (-1)^2 + 3 \cdot 0 + 0^2 + 3 \cdot 1 + 1^2$$
$$= -3 + 1 + 0 + 0 + 3 + 1 = 2$$

Rechenregeln

Häufig kann es sinnvoll sein, Summenzeichen vor dem Auflösen zu vereinfachen, wozu es drei Rechenregeln gibt.

Zum einen dürfen Summen bzw. Differenzen getrennt werden:

$$\sum_{i=1}^{n} (a_i \pm b_i) = \sum_{i=1}^{n} a_i \pm \sum_{i=1}^{n} b_i$$

Dies ergibt sich aus dem Kommutativgesetz, welches besagt, dass es egal ist, ob man $a + b$ oder $b + a$ rechnet:

$$\sum_{i=1}^{3}(a_i \pm b_i) = a_1 \pm b_1 + a_2 \pm b_2 + a_3 \pm b_3$$

$$= a_1 + a_2 + a_3 \pm b_1 \pm b_2 \pm b_3$$

$$= a_1 + a_2 + a_3 \pm (b_1 + b_2 + b_3) = \sum_{i=1}^{3} a_i \pm \sum_{i=1}^{3} b_i$$

Die zweite Rechenregel für Summen besagt, dass eine Konstante, die mit der Funktion multipliziert wird, vor das Summenzeichen gezogen werden darf:

$$\sum_{i=1}^{n} c \cdot a_i = c \cdot \sum_{i=1}^{n} a_i$$

Diese Regel gilt deshalb, weil man nach Auflösen des Summenzeichens in jedem Summanden die Konstante vorliegen hat und diese dann ausklammern könnte:

$$\sum_{i=1}^{n} ca_i = ca_1 + ca_2 + \cdots + ca_n = c \cdot (a_1 + a_2 + \cdots + a_n)$$

$$= c \cdot \sum_{i=1}^{n} a_i$$

Die letzte Regel behandelt den Umgang mit Funktionen, in denen die Laufvariable überhaupt nicht vorkommt. Hier gilt Folgendes:

$$\sum_{i=u}^{n} c = (n - u + 1) \cdot c$$

Wenn die untere Grenze 1 ist, kann diese Regel vereinfacht werden zu:

$$\sum_{i=1}^{n} c = n \cdot c$$

Die allgemeine Form dieser Regel lässt sich dadurch begründen, dass (trotz der nichtvorkommenden Laufvariablen) beim Auflösen des Summenzeichens jeder Wert zwischen unterer und oberer Grenze einmal eingesetzt wird. Man könnte die Laufvariable also zum besseren Verständnis auch als $\frac{i}{i}$ oder i^0 einfügen:

$$\sum_{i=2}^{4} c \cdot \frac{i}{i} = c \cdot \frac{2}{2} + c \cdot \frac{3}{3} + c \cdot \frac{4}{4} = c \cdot 1 + c \cdot 1 + c \cdot 1 = 3c$$
$$= (4 - 2 + 1) \cdot c$$

Doppelsummen

Durch Doppelsummen lässt sich ein zweiter Laufindex in die Funktion einbauen, was die Summenschreibweise von komplexeren Funktionen möglich macht:

Doppelsummen

$$\sum_{i=1}^{n} \sum_{j=1}^{m} a_{ij} = a_{11} + \cdots + a_{1m} + a_{21} + \cdots + a_{2m} + \cdots + a_{n1} + \cdots + a_{nm}$$

Dabei ist i der erste Laufindex (hier: $i = 1 \rightarrow 1$ als untere Grenze) mit der oberen Grenze n, j der zweite Laufindex (hier: $j = 1 \rightarrow 1$ als untere Grenze) mit der oberen Grenze m und a_{ij} die Funktion bezüglich der Laufvariablen.

Das Ergebnis einer Doppelsumme erhält man durch das Einsetzen aller ganzen Zahlen (jeweils von der unteren bis zur oberen Grenze) in allen Kombinationen von i und j in die Funktion. Man hält also zunächst den einen Laufindex auf dem ersten Wert fest, läuft alle Variablen des zweiten Laufindex durch, dann erhöht man den ersten Laufindex um eine Einheit und lässt wieder den zweiten Laufindex durchlaufen und so weiter. Das folgende Beispiel veranschaulicht die Vorgehensweise bei der Berechnung von Doppelsummen:

$$\sum_{i=-1}^{1} \sum_{2}^{4} i + j = (-1 + 2) + (-1 + 3) + (-1 + 4) + (0 + 2)$$
$$+ (0 + 3) + (0 + 4) + (1 + 2) + (1 + 3)$$
$$+ (1 + 4) = 27$$

Alternativ kann man mit einer Tabelle arbeiten:

$i+j$	$i=-1$	$i=0$	$i=1$	**Summe der Zeilen**
$j=2$	$-1+2=1$	$0+2=2$	$1+2=3$	$1+2+3=6$
$j=3$	$-1+3=2$	$0+3=3$	$1+3=4$	$2+3+4=9$
$j=4$	$-1+4=3$	$0+4=4$	$1+4=5$	$3+4+5=12$
Gesamt				$6+9+12=27$

2.2. Mengenlehre

Mengen und Elemente

Eine Menge ist eine Zusammenfassung von unterscheidbaren Objekten. Diese Objekte heißen Elemente der Menge.

Für Mengen gibt es zwei allgemein bekannte Schreibweisen. Entweder es werden alle Elemente aufgezählt, oder es wird beschrieben, welche Eigenschaften die Elemente der Menge haben:

Menge der Zahlen 2, 3 und 4: $\quad A = \{2, 3, 4\}$
Menge der Zahlen zwischen 0 und 3: $\quad B = \{x \mid 0 < x < 3\}$

Letztere Schreibweise wird dabei gesprochen als: „B ist die Menge aller x, für die gilt: x ist größer als 0 und kleiner als 3."

Mengenoperationen

Möchte man über die Zugehörigkeit eines einzelnen Elements zu einer Menge urteilen, gibt es nur zwei Möglichkeiten: Entweder das Element ist in der Menge enthalten oder nicht. Man schreibt $x \in A$ bzw. $x \notin A$. Betrachtet man die Beziehung zwischen zwei Mengen, gibt es vier Möglichkeiten, wie diese zueinanderstehen können. Zum einen können die Mengen identisch sein (Gleichheit, $A = B$). Jedes Element, das in der Menge A liegt, liegt dann auch in der Menge B und umgekehrt (siehe Abb. 2.1).

Identische Mengen

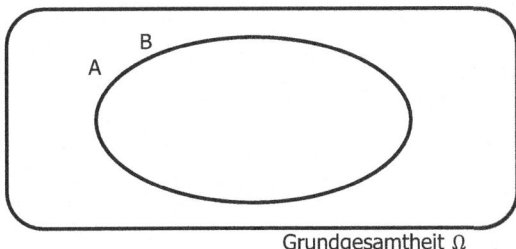
Abb. 2.1 Identische Mengen

Eine zweite Möglichkeit ist, dass eine Menge eine Teilmenge von der anderen ist, sie aber nicht vollständig identisch sind ($A \subset B \rightarrow A$ ist in B enthalten, A ist eine (echte) Teilmenge von B). Alle Elemente der Menge A sind auch in der Menge B enthalten, aber nicht umgekehrt (siehe Abb. 2.2).

Teilmenge

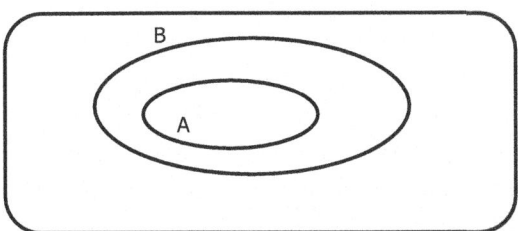
Abb. 2.1 Teilmenge

Die dritte Möglichkeit besteht in einer Überlappung (Schnittmenge, $A \cap B = \{x_1, x_2, \dots\}$). Die fraglichen Elemente müssen dann in beiden Mengen vorliegen (siehe Abb. 2.3).

Schnittmenge

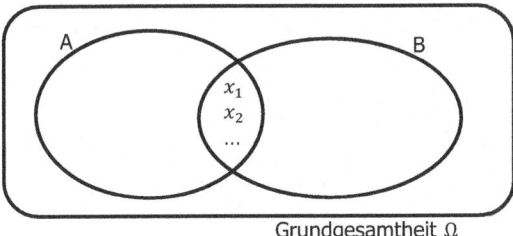
Abb. 2.2 Schnittmenge

Disjunkte Mengen

Die letzte Möglichkeit ist, dass sich die beiden Mengen gegenseitig ausschließen und somit keine gemeinsamen Elemente haben ($A \cap B = \{\}$, leere Schnittmenge, die Mengen sind disjunkt). Dies wird in Abb. 2.4 dargestellt.

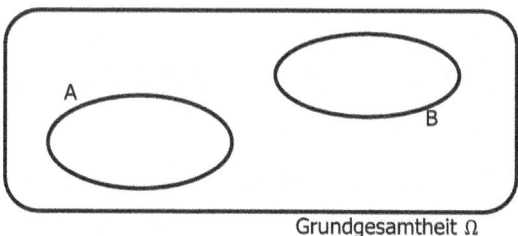

Abb. 2.3 Disjunkte Mengen

Durchschnitt

Vereinigung
Differenz

Symmetrische Differenz

In der Anwendung kann man sich diese Zusammenhänge zwischen Mengen zunutze machen, um aus bestehenden Mengen neue zu bilden. Möchte man zwei Mengen verknüpfen, um so nur einen bestimmten Teil der Mengen abzudecken, kann man diese über verschiedene Operatoren verbinden. Bildet man den Durchschnitt zweier Mengen, möchte man nur ihre Schnittmenge betrachten ($A \cap B$, „A und B"), bei einer Vereinigung werden beide Mengen genutzt ($A \cup B$, „A oder B"), und bei einer Differenz wird nur der Teil der einen Menge berücksichtigt, der nicht in der anderen Menge enthalten ist ($A \setminus B$, „A ohne B"). Eine vierte Möglichkeit besteht in einer symmetrischen Differenz (exklusives Oder), die gesuchten Elemente liegen dann in A oder in B, aber nicht in deren Schnittmenge ($A \triangle B$). Veranschaulicht wird dies durch Abb. 2.5.

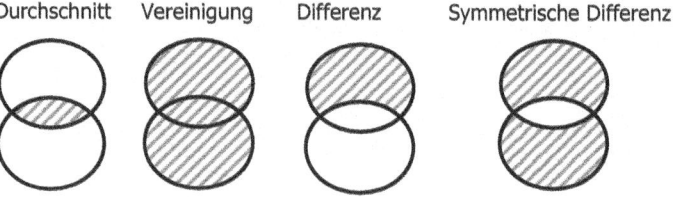

Abb. 2.4 Verknüpfung zweier Mengen

2.2 Mengenlehre

Zahlenmengen

In der Mathematik gibt es neben den „selbst definierten" Mengen auch noch feststehende Zahlenmengen (siehe Abb. 2.5). Diese werden im Folgenden erläutert:

Natürliche Zahlen $\mathbb{N}$ sind alle positiven und ganzen Zahlen (z.B. 0, 1, 2, 3, 4,…). Nimmt man noch die negativen ganzen Zahlen hinzu (z.B. $-10, -3$), erhält man die Menge aller ganzen Zahlen $\mathbb{Z}$. Teilt man zwei beliebige ganze Zahlen durcheinander, erhält man die rationalen Zahlen $\mathbb{Q}$, also Dezimalzahlen mit einer endlichen Zahl von Nachkommastellen oder einer periodischen Wiederholung von Nachkommastellen (z.B. $-\frac{2}{7}, -0,\overline{58749}, \frac{1}{3}, 1, \frac{3}{2}, 18{,}2039725$). Im Gegensatz zu den rationalen Zahlen können irrationale nicht als Bruch dargestellt werden und haben somit unendlich viele, aber nichtperiodische Nachkommastellen (z.B. $\sqrt{2}, e, \pi$). Fasst man die rationalen und die irrationalen Zahlen zusammen, erhält man die reellen Zahlen $\mathbb{R}$. Die nächstumfangreichere und selten genutzte Zahlenmenge ist die Menge der komplexen Zahlen $\mathbb{C}$. Diese erhält man durch Erweiterung der reellen Zahlen um imaginäre bzw. (umgangssprachlich) unmögliche Zahlen. Galt bisher die Vorschrift, dass Quadratzahlen immer positiv sind ($2^2 = 4, (-2)^2 = 4$), wird diese bei den imaginären Zahlen aufgehoben. Konkret zeichnen sich imaginäre Zahlen dadurch aus, dass ihr Quadrat eine negative Zahl ist. Um komplexe Zahlen zu beschreiben, wird ein Realteil ($\sqrt{4} = 2$) und ein imaginärer Teil ($\sqrt{-1} = i$) genutzt. $i = \sqrt{-1}$ wird dabei als imaginäre Einheit bezeichnet:

$$\sqrt{-4} = \sqrt{4} \cdot \sqrt{-1} = 2 \cdot \sqrt{-1} = 2i$$

Natürliche Zahlen
Ganze Zahlen
Rationale Zahlen

Reelle Zahlen
Komplexe Zahlen

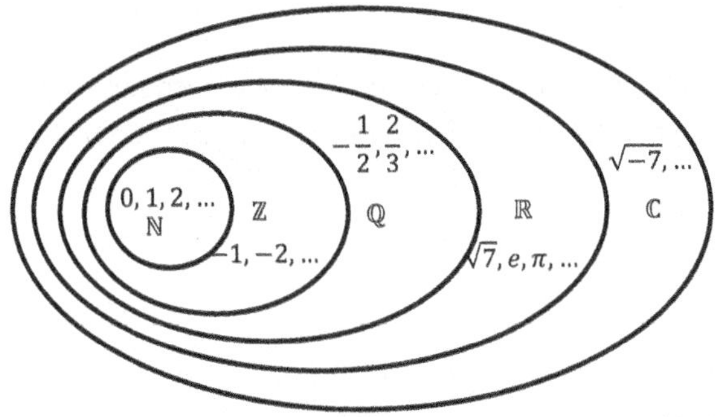

Abb. 2.5 Zahlenmengen

Beschränktes Intervall

Intervalle

Intervalle beschreiben eine Teilmenge einer größeren Menge und sind durch eine obere und eine untere Grenze gekennzeichnet (beschränkte Intervalle). Dabei unterscheidet man, ob die untere und obere Grenze im Intervall enthalten ist oder nicht. Bei der mathematischen Schreibweise von Intervallen kann man das an der Form der Klammern ablesen. Wenn die Klammer vor der unteren Grenze bzw. nach der oberen Grenze eckig ist, ist die jeweilige Grenze im Intervall enthalten. Ist die Klammer rund, ist die Grenze nicht im Intervall enthalten. Diese Schreibweise ist im Folgenden dargestellt:

Geschlossenes Intervall: $\quad [a,b] = \{x \in \mathbb{R} | a \leq x \leq b\}$
Offenes Intervall: $\quad (a,b) = \{x \in \mathbb{R} | a < x < b\}$

Diese beiden Grundtypen kann man auch kombinieren:

Links halboffenes Intervall: $\quad (a,b] = \{x \in \mathbb{R} | a < x \leq b\}$
Rechts halboffenes Intervall: $[a,b) = \{x \in \mathbb{R} | a \leq x < b\}$

Soll das Intervall nicht mit einem bestimmten Wert enden, sondern alle Zahlen größer/kleiner als ein bestimmter Wert enthalten, handelt es sich um ein nach oben/unten unbeschränktes Intervall:

Unbeschränktes Intervall

Geschlossene Variante:
Nach oben unbeschränktes Intervall: $[a, \infty) = \{x \in \mathbb{R} | a \leq x\}$
Nach unten unbeschränktes Intervall: $(-\infty, b] = \{x \in \mathbb{R} | x \leq b\}$

Offene Variante:
Nach oben unbeschränktes Intervall: $(a, \infty) = \{x \in \mathbb{R} | a < x\}$
Nach unten unbeschränktes Intervall: $(-\infty, b) = \{x \in \mathbb{R} | x < b\}$

Anstelle der runden Klammern wird häufig auch eine nach außen geöffnete eckige Klammer verwendet, beide haben aber dieselbe Bedeutung: $]a,b[= (a,b) = \{x \in \mathbb{R} | a < x < b\}$.

3. Folgen und Reihen

3.1. Zahlenfolgen

Eine Zahlenfolge ist eine Vorschrift, die jeder natürlichen Zahl ($n \in \{0,1,2,...\}$ oder $n \in \{1,2,...\}$) eine reelle Zahl ($a_n \in \mathbb{R}$) zuordnet. So sind die folgenden Beispiele als Zahlenfolge zu interpretieren:

Zahlenfolge

$$a_0 = 0, a_1 = 1, a_2 = 2, a_3 = 3, a_4 = 4, ...$$
$$a_0 = 0, a_1 = 1, a_2 = 4, a_3 = 9, a_4 = 16 ...$$

Um eine Folge darzustellen, kann man sich der Klammerdarstellung bedienen und die einzelnen Folgeglieder darin auflisten:

$$(a_n)_{n \in \mathbb{N}} = (a_0, a_1, a_2, a_3, ...)$$

Alternativ kann man die Folge über ihre Bildungsvorschrift beschreiben, z.B. wäre

$$a_n = \frac{1}{n} + 3$$

eine solche Bildungsvorschrift. Hier würde man mit $n = 1$ starten.

Zahlenfolgen lassen sich auf verschiedene Merkmale hin untersuchen. Einige wichtige werden im Folgenden vorgestellt.

Monotonie der Folge

Im Zusammenhang mit Folgen wird oft die Monotonie untersucht. Hier stellt man sich die Frage, ob die einzelnen Folgeglieder wertmäßig steigen oder fallen. Eine Folge ist monoton steigend (oder streng monoton

Monotonie

wachsend), wenn jedes Element mindestens genauso groß wie das vorangehende Element ist. Es gilt also:

$$a_n \leq a_{n+1}$$

Dahingegen ist eine Folge monoton fallend, wenn jedes Element höchstens genauso groß wie das vorangehende Element ist:

$$a_n \geq a_{n+1}$$

Strenge Monotonie

Eine Verschärfung dazu stellt die strenge Monotonie dar. Ist also jedes Folgeglied nicht nur mindestens so groß, sondern (strikt) größer als das vorangehende Element, spricht man von einer streng monoton steigenden Folge. Hier gilt: $a_n < a_{n+1}$. Analog ist auch die streng monoton fallende Folge definiert: Hier ist jedes Folgeglied (strikt) kleiner als das vorangehende Element: $a_n > a_{n+1}$.

Arithmetische und geometrische Folgen

Arithmetische Folge

Steigt oder fällt eine Folge immer um einen konstanten Wert, spricht man von einer arithmetischen Folge. Bei einer arithmetischen Folge lautet die Bildungsvorschrift also

$$a_n = a_{n-1} + d,$$

wobei d positiv oder negativ sein kann.

Anders gesagt ist die Differenz zweier aufeinanderfolgender Elemente bei einer arithmetischen Folge immer die Konstante d:

$$a_{n+1} - a_n = d$$

Formal lässt sich die Bildungsvorschrift einer arithmetischen Folge auch mithilfe des ersten Folgeglieds darstellen:

$$a_n = a_0 + n \cdot d$$

Diese Formel ergibt sich durch das Aufaddieren mehrerer d's. So kann die Rechnung, die für das fünfte Folgeglied berechnet, geschrieben werden als:

$$a_5 = a_4 + d = a_3 + d + d = a_2 + d + d + d$$
$$= a_1 + d + d + d + d = a_0 + d + d + d + d + d$$
$$= a_0 + 5 \cdot d$$

Eine andere spezielle Folge ist die geometrische Folge. Während bei der arithmetischen Folge zwei aufeinanderfolgende Elemente immer denselben Abstand haben, stehen sie bei einer geometrischen Folge immer in einem festen Verhältnis zueinander. So wäre z.B. eine Folge, bei der das vorherige Element immer verdoppelt wird, eine geometrische Folge. Formal lautet das Verhältnis zwischen den beiden Elementen:

Geometrische Folge

$$q = \frac{a_{n+1}}{a_n}$$

Das Bildungsgesetz für eine geometrische Folge lässt sich wie bei der arithmetischen Folge auf zwei Arten darstellen. Der erste Ansatz bezieht sich dabei wieder auf das vorangehende Folgeglied:

$$a_{n+1} = a_n \cdot q$$

Um die nächste Zahl einer Zahlenfolge (a_{n+1}) zu berechnen, muss man die aktuell letzte bekannte Zahl der Folge (a_n) mit dem Faktor multiplizieren.

Der zweite Ansatz braucht nur das erste Folgeglied:

$$a_n = a_0 \cdot q^n$$

Während bei der arithmetischen Folge die einzelnen d's aufsummiert wurden, werden die einzelnen q's bei der geometrischen Folge miteinander multipliziert, wodurch der Exponent angepasst werden kann:

$$a_5 = a_4 \cdot q = a_3 \cdot q \cdot q = a_2 \cdot q \cdot q \cdot q = a_1 \cdot q \cdot q \cdot q \cdot q$$
$$= a_0 \cdot q \cdot q \cdot q \cdot q \cdot q = a_0 \cdot q^5$$

Explizite und rekursive Folgen

Wenn man das n-te Glied einer Folge direkt bestimmen kann (also ohne alle vorangehenden Folgeglieder zu kennen), handelt es sich bei dieser um eine explizit definierte Folge.

Explizite Folge

Beispiel einer expliziten Folge:

$$a_n = \frac{1}{n}$$
$$a_1 = \frac{1}{1} = 1, a_2 = \frac{1}{2} = 0{,}5, a_3 = \frac{1}{3} = 0{,}333\ldots$$

Rekursive Folge

Dahingegen heißt eine Folge rekursiv, wenn man für die Berechnung des n-ten Folgeglieds stets das vorherige Folgeglied benötigt.

Beispiel einer rekursiven Folge (es handelt sich hierbei um die Fibonacci-Folge):

$$a_n = a_{n-1} + a_{n-2} \text{ mit } a_0 = 1 \text{ und } a_1 = 1$$
$$a_2 = 1 + 1 = 2, a_3 = 2 + 1 = 3, a_4 = 3 + 2 = 5\ldots$$

Konvergenz einer Folge

Konvergenz

Wenn eine Folge gegen einen Grenzwert a konvergiert (sich beliebig nahe an einen bestimmten Wert annähert), so nennt sich die Folge konvergent mit a als Grenzwert der Folge. Jede Folge kann nur einen Grenzwert haben. Späte Glieder einer konvergenten Folge werden also nicht unendlich groß:

$$\lim_{n \to \infty} a_n \neq \pm\infty$$

Der Ausdruck „lim" steht für den Limes, also den Grenzwert der Folge für unendlich große n, also sehr späte Folgeglieder.

Grafisch könnte eine konvergierende Folge mit dem Grenzwert a z.B. wie in Abb. 3.1 aussehen:

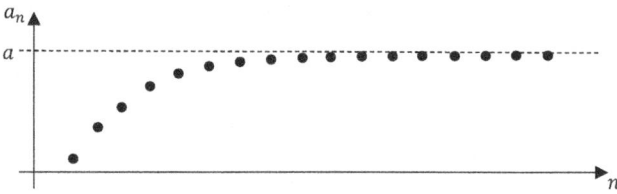

Abb. 3.1 Konvergierende Folge

Hat die Folge keinen Grenzwert, so bezeichnet man sie als divergent (siehe Abb. 3.2).

Divergenz

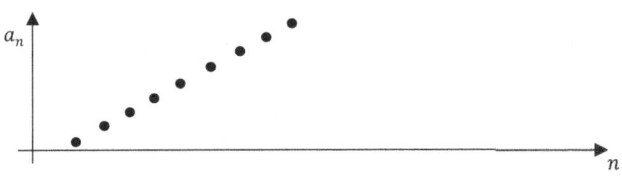

Abb. 3.2 Divergente Folge

3.2. Reihen

Eine Reihe $(s_n)_{n \in \mathbb{N}}$ entsteht, indem man die Glieder einer Folge $(a_n)_{n \in \mathbb{N}}$ aufaddiert und die Summen dann hintereinander aufschreibt. Somit ist eine Reihe eine Folge der Partialsummen einer Folge $(a_n)_{n \in \mathbb{N}}$. Für das Aufstellen einer Reihe benötigt man also zunächst eine ihr zugrunde liegende Folge. Von dieser werden dann die ersten n Folgeglieder aufaddiert, um die n-te Partialsumme und somit das n-te Element der Reihe zu erhalten:

Reihe

$$s_n = \sum_{i=1}^{n} a_i$$

Schreibt man die einzelnen Partialsummen hintereinander auf, stellen diese also wieder eine Folge dar. Die Folge dieser Partialsummen heißt dann Reihe:

$$(s_n)_{n \in \mathbb{N}} = (s_1, s_2, s_3, \dots) = (a_1, a_1 + a_2, a_1 + a_2 + a_3, \dots)$$

Arithmetische und geometrische Reihen

Da Reihen eine besondere Art von Folgen sind, können sie – genau wie andere Folgen auch – arithmetisch oder geometrisch sein (Abschn. 3.1). Dabei ist eine Reihe dann arithmetisch, wenn sie aus einer arithmetischen Folge gebildet wird, und geometrisch, wenn sie aus einer geometrischen Folge gebildet wird.

Arithmetische Reihe

Geometrische Reihe

Ist eine Folge arithmetisch, so lässt sich die n-te Partialsumme mithilfe der folgenden Formel berechnen:

Kapitel 3 — Folgen und Reihen

$$s_n = n \cdot \frac{a_1 + a_n}{2}$$

Im Fall einer geometrischen Folge lässt sich die n-te Partialsumme wie folgt berechnen:

$$s_n = a_0 \sum_{k=0}^{n} q^k$$

Konvergenz einer Reihe

Konvergenz einer Reihe

Wie Folgen können auch Reihen gegen einen Grenzwert konvergieren. Dabei sind die Aussagen bezüglich der Konvergenz analog zu denen für Folgen, d.h., eine Reihe ist konvergent, falls gilt:

$$\lim_{n \to \infty} s_n = \sum_{i=0}^{\infty} a_i \neq \pm \infty$$

Um zu bestimmen, ob eine Reihe konvergent oder divergent ist, gibt es verschiedene Methoden. Bekannt sind vor allem das Quotientenkriterium und das Wurzelkriterium, welche im Folgenden vorgestellt werden.

Quotientenkriterium

Quotientenkriterium

Das Quotientenkriterium ist insbesondere dann zur Bestimmung der Konvergenz einer Reihe geeignet, wenn die zugrunde liegende Folge aus Produkten oder Quotienten besteht, die durch Fakultäten ($n!$), Binomialkoeffizienten $\binom{n}{x}$ oder Ausdrücke der Form x^n gebildet werden.

So lässt sich beispielsweise die Konvergenz der Reihe, die auf der Folge

$$a_n = \frac{2^n}{n!} \cdot \binom{n}{1}$$

basiert, mithilfe des Quotientenkriteriums untersuchen.

Liegt in der Bildungsvorschrift der Folge eine oder mehrere Summen vor, ist das Quotientenkriterium hingegen eher ungeeignet.

Zur Begründung des Quotientenkriteriums wird der folgende Ausdruck untersucht:

$$\lim_{n \to \infty} \left| \frac{a_{n+1}}{a_n} \right| = q$$

Dabei sind a_n und a_{n+1} zwei aufeinanderfolgende Glieder der Folge, aus der die untersuchte Reihe resultiert. Gefragt ist also der Betrag des Quotienten zwischen zwei Folgegliedern, die in der Folge sehr spät kommen.

Um zu entscheiden, ob die Reihe konvergent oder divergent ist, werden folgende Regeln angewandt:

$$\lim_{n\to\infty} \left|\frac{a_{n+1}}{a_n}\right| = q < 1 \quad \text{die Reihe ist konvergent}$$

$$\lim_{n\to\infty} \left|\frac{a_{n+1}}{a_n}\right| = q > 1 \quad \text{die Reihe ist divergent}$$

$$\lim_{n\to\infty} \left|\frac{a_{n+1}}{a_n}\right| = q = 1 \quad \text{keine Aussage möglich}$$

Die Intuition dahinter ist folgende: Ist der Quotient >1, ist das Glied a_{n+1} größer als das vorangehende Glied a_n. Die Reihe wird also immer größer, da auch die darauffolgenden Folgenglieder immer größer werden. Das heißt, die Reihe divergiert. Wenn der Quotient <1 ist, bedeutet das, dass die Glieder der Folge immer kleiner werden, wodurch der Reihe immer weniger hinzuaddiert wird. Folglich wird sich die Reihe für sehr späte Reihenglieder einem Grenzwert annähern, das heißt, sie konvergiert.

Zur Bestimmung wird also zunächst der Bruch aufgestellt. Dieser Bruch wird dann vereinfacht, sodass man dann den Grenzwert für $n \to \infty$ leichter berechnen kann (Kap. 6), dabei muss der Betrag berücksichtigt werden. Zuletzt wird der resultierende Grenzwert nach dem genannten Muster interpretiert (<1 konvergente Reihe, >1 divergente Reihe, =1 keine Aussage möglich).

Anhand eines Beispiels soll dieses Vorgehen verdeutlicht werden:

Die Folge sei gegeben durch: $a_n = \frac{2^n}{n!} \cdot \binom{n}{1}$.

1. Bruch aufstellen und vereinfachen:

$$\frac{a_{n+1}}{a_n} = \frac{\frac{2^{n+1}}{(n+1)!} \cdot \binom{n+1}{1}}{\frac{2^n}{n!} \cdot \binom{n}{1}} = \frac{\frac{2^{n+1}}{(n+1)!}}{\frac{2^n}{n!}} \cdot \frac{\frac{(n+1)!}{1!(n+1-1)!}}{\frac{n!}{1!(n-1)!}}$$

Kapitel 3   Folgen und Reihen

$$= \frac{2^{n+1}}{(n+1)!} \cdot \frac{n!}{2^n} \cdot \frac{\frac{(n+1)!}{n!}}{\frac{n!}{(n-1)!}} = \frac{2^{n+1}}{(n+1)!} \cdot \frac{n!}{2^n} \cdot \frac{(n+1)!}{n!} \cdot \frac{(n-1)!}{n!}$$

$$= \frac{2^{n+1}}{2^n} \cdot \frac{n!}{n!} \cdot \frac{(n+1)!}{(n+1)!} \cdot \frac{(n-1)!}{n!}$$

$$= 2^{n+1-n} \cdot 1 \cdot 1 \cdot \frac{1}{n} = 2 \cdot \frac{1}{n} = \frac{2}{n}$$

2. Grenzwert bestimmen:
$$\lim_{n \to \infty} \left|\frac{2}{n}\right| = 0$$

3. Grenzwert nach den beschriebenen Regeln interpretieren:
$$\lim_{n \to \infty} \left|\frac{2}{n}\right| = 0 < 1$$
Die Reihe ist konvergent.

Wurzel-   **Wurzelkriterium**
kriterium   Das Wurzelkriterium ist insbesondere dann zur Bestimmung der Konvergenz einer Reihe geeignet, wenn die zugrunde liegende Folge aus Termen mit $(\ldots)^n$ besteht. Bei Summen in der Bildungsvorschrift der Folge ist das Wurzelkriterium – genau wie das Quotientenkriterium – zur Bestimmung der Konvergenz einer Reihe eher ungeeignet.

Auch für die Begründung des Wurzelkriteriums benötigt man die der Reihe zugrunde liegende Folge a_n. Das Wurzelkriterium besagt, dass eine Reihe ($s_n = \sum_{n=1}^{\infty} a_n$) konvergent ist, wenn für die dazugehörige Folge gilt:

$$\lim_{n \to \infty} \sqrt[n]{|a_n|} = q < 1$$

Der Beweis, der hinter dem Wurzelkriterium steckt, ist vergleichsweise kompliziert, das Ergebnis wird aber wie beim Quotientenkriterium interpretiert: Wenn $q = 1$ ist, ist keine Aussage über die Konvergenz der Reihe möglich, bei $q < 1$ liegt Konvergenz vor, und für $q > 1$ ist die Reihe divergent.

Zur Bestimmung des oben dargestellten Grenzwerts wird zunächst der Ausdruck a_n aufgestellt, von dem dann der Betrag gebildet wird. Dieser lässt sich mithilfe der Rechengesetze für den Betrag vereinfachen (Formelsammlung, Abschn. 11.4). Anschließend kann gegebenenfalls die Wurzel aufgelöst und der Exponent gekürzt werden (siehe dazu Potenz- und Wurzelgesetze in der Formelsammlung und in den Abschn. 11.1, 11.2 und 11.4), sodass die Berechnung des Grenzwertes vereinfacht wird. Dabei können folgende Regeln hilfreich sein:

$$\lim_{n\to\infty} \sqrt[n]{n} = 1 \quad \text{und} \quad \lim_{n\to\infty} \sqrt[n]{n!} = 1$$

Der berechnete Grenzwert wird dann wie oben beschrieben interpretiert.

Dieses Vorgehen soll im Folgenden anhand eines Beispiels verdeutlicht werden:

Die Folge sei gegeben durch: $\quad a_n = \frac{n^2}{2^n}$

1. Ausdruck aufstellen und Betrag bilden:
$$|a_n| = \left|\frac{n^2}{2^n}\right| = \frac{|n^2|}{|2^n|} = \frac{n^2}{2^n}$$

2. Wurzel vereinfachen:
$$\sqrt[n]{\frac{n^2}{2^n}} = \frac{\sqrt[n]{n^2}}{\sqrt[n]{2^n}} = \frac{\left(\sqrt[n]{n}\right)^2}{2}$$

3. Grenzwert bestimmen:
$$\lim_{n\to\infty} \frac{\left(\sqrt[n]{n}\right)^2}{2} = \frac{1^2}{2} = \frac{1}{2}$$

4. Grenzwert nach den beschriebenen Regeln interpretieren:
$$\lim_{n\to\infty} \frac{\left(\sqrt[n]{n}\right)^2}{2} = \frac{1}{2} < 1$$
Die Reihe ist konvergent.

4. Funktionen – Grundlagen

4.1. Einführung

Eine Funktion f ordnet jedem Wert x aus einem Definitionsbereich D_f einen eindeutigen Wert $y = f(x)$ aus dem Wertebereich W_f zu. Dabei wird jedem x maximal ein y zugeordnet. Im Gegensatz dazu können einem y aber mehrere x-Werte zugeordnet sein.

Funktion

Das Schaubild einer Funktion nennt sich Graph. Der Graph einer Funktion besteht also aus allen Punkten im x-y-Koordinatensystem, die sich durch Anwendung der Funktionsvorschrift auf alle zulässigen x-Werte (mit den resultierenden Werten $y = f(x)$) ergeben (siehe Abb. 4.1).

Funktion

Keine Funktion

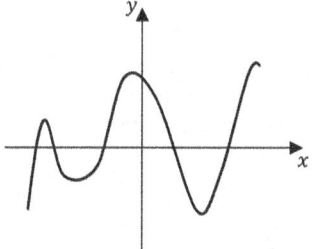
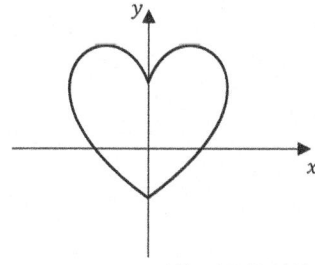

Abb. 4.1 Funktion

4.2. Definitionsbereich und Wertebereich

Definitionsbereich

Der Definitionsbereich beschreibt die Menge der Werte von x, denen ein y-Wert zugeordnet werden kann (Ausprägungen auf der x-Achse, d.h., Definitionslücken liegen nicht im Definitionsbereich). Definitionslücken liegen dann vor, wenn die Funktion für diesen Wert von x nicht bestimmbar ist, also bei der Funktion

$$f(x) = \frac{3}{x+1}$$

an der Stelle $x = -1$, da dann durch null geteilt werden würde. Um Definitionslücken aufzufinden, sollte man die Funktion also auf Bereiche untersuchen, in denen eine unmögliche Rechnung durchgeführt wird. Dies betrifft vor allem das Teilen durch null, aber auch das Ziehen von („geraden", also zweiten, vierten, sechsten...) Wurzeln, da hier keine Ergebnisse vorliegen, wenn die Wurzel aus einer negativen Zahl gezogen werden soll. Außerdem kann man den Logarithmus nur von Zahlen größer als null berechnen (Abschn. 4.3). Definitonslücken sind grafisch entweder durch einen nichtausgefüllten Kreis oder durch eine senkrechte Asymptote gekennzeichnet, je nachdem, wie sich die Funktion links und rechts der Lücke verhält:

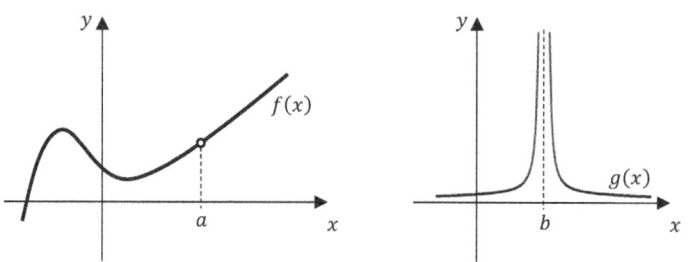

Abb. 4.2 Definitionslücken

Wertebereich

Der Wertebereich beschreibt die Menge der Werte von y, die den x-Werten durch die Funktion zugeordnet werden können (Ausprägungen auf der y-Achse).

Zur Veranschaulichung folgen zwei Beispiele. Deren Funktionsgraphen sind in Abb. 4.3 dargestellt.

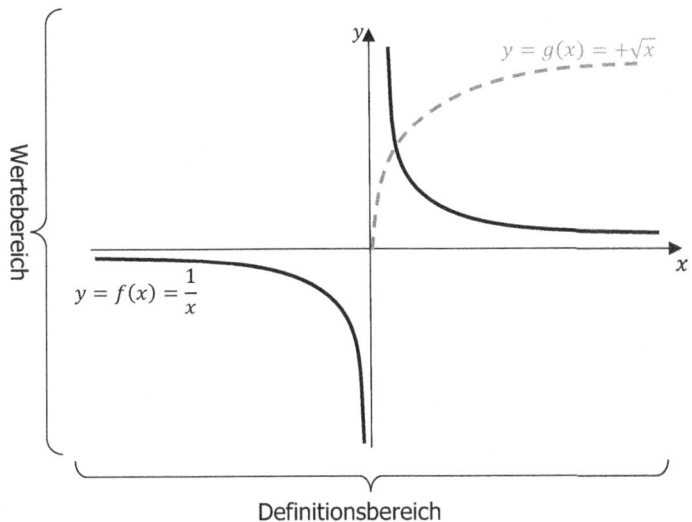

Abb. 4.3 Definitions- und Wertebereich

Funktion:	$f(x) = \frac{1}{x}$	$g(x) = +\sqrt{x}$
Nicht definiert für:	$x = 0$	$x < 0$
Definitionsbereich:	$D_f = \mathbb{R}\setminus\{0\}$	$D_g = \mathbb{R}_0^+$
Wertebereich:	$W_f = \mathbb{R}\setminus\{0\}$	$W_g = \mathbb{R}_0^+$

4.3. Funktionstypen

Die meisten Funktionen lassen sich verschiedenen Funktionstypen zuordnen, die im Folgenden genauer erklärt werden.

Lineare Funktion (Polynom ersten Grades)

Der erste Funktionstyp ist die lineare Funktion (oder Polynom ersten Grades), die der Funktionsvorschrift

$$f(x) = mx + b$$

Lineare Funktion

Gerade

genügt und somit eine Gerade als Graph hat (siehe Abb. 4.4). Diese Gerade hat eine Steigung von m und schneidet die y-Achse auf der Höhe b (y-Achsenabschnitt):

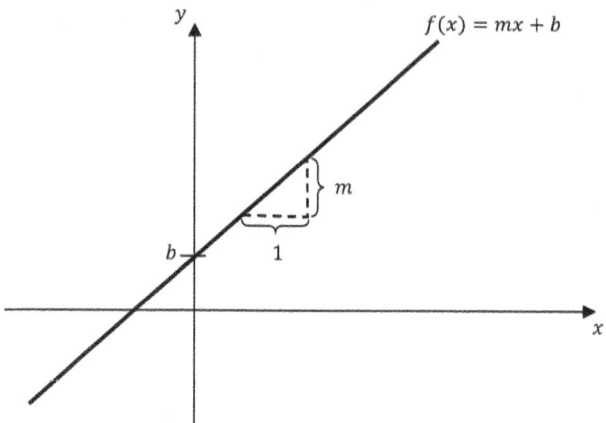

Abb. 4.4 Lineare Funktion

Manchmal kann es nötig sein, die Funktionsgleichung der Geraden zunächst aufzustellen. Hierfür sind entweder Steigung und die Koordinaten eines Punktes, y-Achsenabschnitt und ein Punkt oder zwei Punkte gegeben. In den ersten beiden Fällen werden die Koordinaten des Punktes für x und y in die Gleichung eingesetzt und so der fehlende y-Achsenabschnitt bzw. die fehlende Steigung berechnet. Für den Fall, dass zwei Punkte $P(x_1|y_1)$ und $Q(x_2|y_2)$ gegeben sind, ist die Steigung der Geraden, die durch diese beiden Punkte verläuft, über folgende Gleichung berechenbar:

$$m = \frac{y_2 - y_1}{x_2 - x_1}$$

Anschließend kann einer der beiden Punkte in die entstehende Gleichung eingesetzt und so der fehlende y-Achsenabschnitt bestimmt werden.

Betrachtet man die lineare Funktion, so fällt auf, dass diese die x-Achse entweder keinmal ($m = 0, b \neq 0$), einmal ($m \neq 0$) oder unendlich oft

($m = 0, b = 0$) schneidet bzw. berührt. Diese Stellen werden Nullstellen genannt (da hier $y = 0$ ist). Eine ausführliche Beschreibung ihrer Theorie und Berechnung folgt in Kap. 5.

Quadratische Funktion (Polynom zweiten Grades)

Ein weiterer Funktionstyp, der aus Schulzeiten bekannt ist, ist die quadratische Funktion bzw. ein Polynom zweiten Grades. Die quadratische Funktion genügt folgender Vorschrift:

Quadratische Funktion

$$f(x) = ax^2 + bx + c$$

Der Graph einer quadratischen Funktion ist parabelförmig (siehe Abb. 4.5). Ob die Parabel nach unten oder nach oben geöffnet ist, hängt davon ab, ob der Parameter a positiv (nach oben geöffnet) oder negativ (nach unten geöffnet) ist. Der y-Achsenabschnitt der Parabel ist – genau wie bei der Geraden – die Konstante (in diesem Fall c).

Parabel

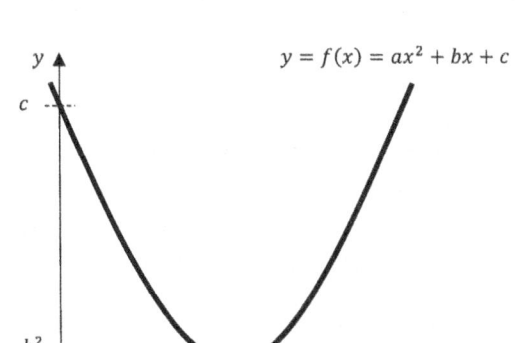

Abb. 4.5 Quadratische Funktion

Der Parameter b beeinflusst die Lage des Scheitelpunkts, der Effekt hängt aber auch von a ab. Genauer gesagt, liegt der Scheitelpunkt der Parabel bei $S\left(-\frac{b}{2a} \middle| c - \frac{b^2}{4a}\right)$. Wie viele Nullstellen eine Parabel hat, hängt davon ab, ob sie nach oben oder unten geöffnet ist und ob der

Scheitelpunkt[6]

Scheitelpunkt unter, auf oder über der x-Achse liegt. Dementsprechend kann die quadratische Funktion keine, eine oder zwei Nullstellen haben (siehe Abschn. 5.1).

Polynom n-ten Grades

Polynom

Da es neben dem Polynom zweiten Grades auch Polynome dritten, vierten, fünften Grades und höherer Grade gibt, kann man diese am besten auf ein Polynom n-ten Grades verallgemeinern. Die Funktionsgleichung lautet dann:

$$f(x) = a_n x^n + a_{n-1} x^{n-1} + a_{n-2} x^{n-2} + \cdots + a_1 x^1 + a_0$$

Die Konstante a_0 stellt dabei wieder den y-Achsenabschnitt dar. Ein Polynom vom Grad n kann bis zu n Nullstellen haben.

Potenzfunktion

Potenzfunktion

Die Potenzfunktion ist ein weiterer wichtiger Funktionstyp. Ihre Funktionsgleichung hat folgenden Aufbau:

$$f(x) = a x^n$$

Die Funktionsgleichung der Potenzfunktion stellt also einen einzelnen Summanden der Funktionsvorschrift eines Polynoms dar. Aus dieser Tatsache lässt sich das Aussehen des Graphen herleiten. Die verschiedenen Typen werden im Folgenden vorgestellt:

Für positive, ganzzahlige und gerade Exponenten ähnelt der Funktionsgraph dem Graphen einer Parabel (Abb. 4.5).

Für positive, ganzzahlige, aber ungerade Exponenten ähnelt der Funktionsgraph hingegen dem eines Polynoms dritten Grades:

4.3 Funktionstypen

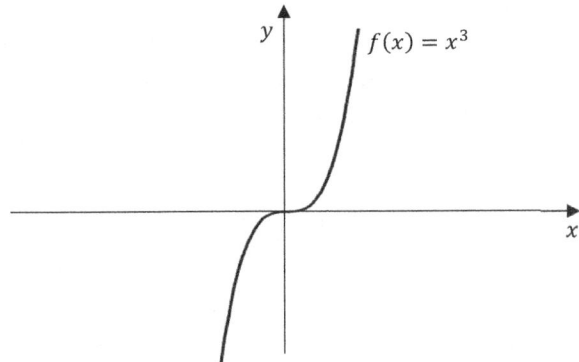

Abb. 7.6 Polynom dritten Grades

Im Fall von negativen ganzzahligen Exponenten kann die Funktion per Rechengesetz in eine Bruchgleichung umgeformt werden. Dadurch steht das x im Nenner des Bruchs und der Exponent ist wieder positiv:

$$f(x) = ax^{-n} \rightarrow f(x) = \frac{a}{x^n}$$

Bei diesem Funktionstyp handelt es sich um eine Hyperbel, die im Folgenden genauer erklärt wird.

Ist der Exponent nicht ganzzahlig, aber lässt sich als Bruch darstellen, so kann die Funktionsgleichung in eine Wurzelfunktion umgeformt werden:

$$f(x) = ax^{\frac{m}{n}} \rightarrow f(x) = a\sqrt[n]{x^m}$$

Die Wurzelfunktion wird ebenfalls im Folgenden genauer erklärt.

Hyperbel

Wenn eine Funktion aus zwei gebogenen Linien (Ästen) besteht, welche wie die Verengung in der Mitte einer Sanduhr geformt sind, so spricht man von einer Hyperbel. Somit ist die Hyperbel eine mathematische Kurve bestehend aus zwei Ästen, die jeweils ins Unendliche verlaufen. Allgemein folgt eine Hyperbel der Funktionsvorschrift:

$$f(x) = \frac{A}{x - x_0} + y_0 \text{ mit } A > 0$$

Hyperbel

Dadurch ergibt sich eine Definitionslücke an der Stelle $x = x_0$ (sonst würde durch null geteilt werden) und eine Lücke im Wertebereich bei $y = y_0$ (dazu müsste der Bruch null ergeben, was durch die Bedingung $A > 0$ nicht möglich ist). Bei beiden Lücken handelt es sich um sogenannte Asymptoten, an die sich die beiden Äste der Funktion jeweils anschmiegen, ohne sie jemals zu erreichen. Grafisch gesehen lässt sich die Hyperbel somit wie in Abb. 4.7 darstellen:

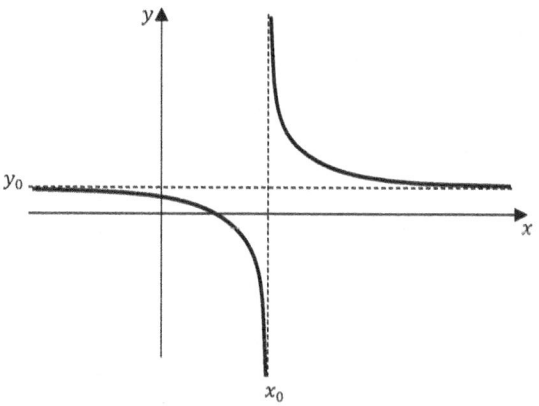

Abb. 4.7 Hyperbel

Die bekannteste (und relevanteste) Hyperbel ist gegeben durch die Funktionsvorschrift:

$$f(x) = \frac{1}{x}$$

Wie beschrieben ist diese Hyperbel an der Stelle $x = 0$ nicht definiert. Durch den positiven Zähler ergibt sich auch, dass der Wert $y = 0$ nicht erreicht werden kann. Die Hyperbel hat also zwei Asymptoten: eine waagrechte Asymptote $y = 0$ und eine senkrechte Asymptote $x = 0$. Der Graph verläuft dementsprechend wie in Abb. 4.8 dargestellt.

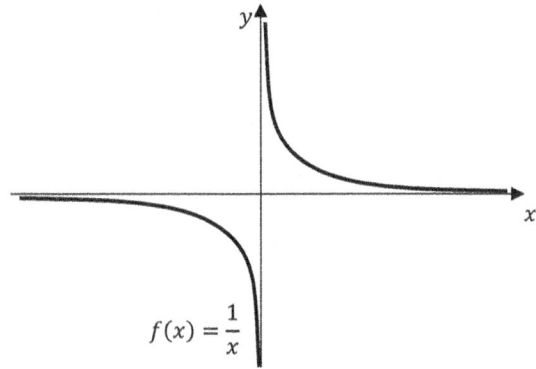

Abb. 4.8 Spezielle Hyperbel

Wurzelfunktion

Die Wurzelfunktion ist die Umkehrfunktion (siehe Abschn. 4.7) der Potenzfunktion. Wenn man also die Potenzfunktion an der Winkelhalbierenden spiegelt, erhält man die zugehörige Wurzelfunktion. Wichtig ist, dass „gerade" Wurzeln („zweite, vierte, sechste... Wurzel von...") bzw. ihre Funktionen nur im positiven Bereich und für $x = 0$ definiert sind, also $D_f = \mathbb{R}_0^+$. „Ungerade" Wurzeln sind für alle x-Werte definiert.

Wurzel-
funktion

Die Graphen der Potenzfunktionen $f(x) = x^2$ und $g(x) = x^3$ sowie deren zugehörigen Wurzelfunktionen $h(x) = \sqrt[2]{x} = \sqrt{x}$ und $i(x) = \sqrt[3]{x}$ verlaufen dabei wie in Abb. 4.9 dargestellt.

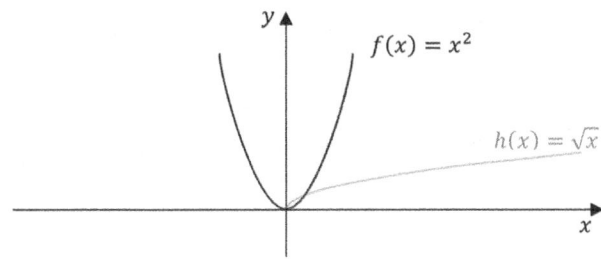

Abb. 4.9 Potenz- und Wurzelfunktionen I

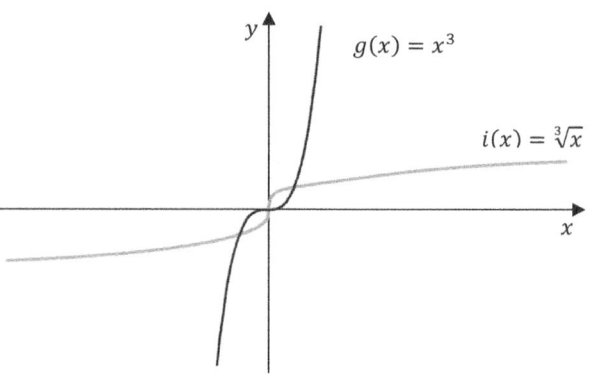

Abb. 4.10 Potenz- und Wurzelfunktionen II

Allgemeine Exponentialfunktion

Exponential-funktion

Ein weiterer (sehr wichtiger!) Funktionstyp ist gegeben durch die Exponentialfunktionen. Diese genügen allgemein der Vorschrift:

$$f(x) = a^x$$

Die Basis a liegt dabei entweder zwischen 0 und 1 oder ist größer als 1. Formal geschrieben also:

$$0 < a < 1 \text{ oder } a > 1 \quad \text{oder auch} \quad a \in \mathbb{R}^+ \setminus \{1\}$$

Alle Exponentialfunktionen verlaufen durch den Punkt (0|1) und können nur positive Funktionswerte größer 0 annehmen (Wertebereich: $W_f = \mathbb{R}^+$). Liegt a zwischen 0 und 1, so spricht man von exponentieller Abnahme. Die Graphen solcher Funktionen sind streng monoton fallend (Abschn. 7.3), kommen aus dem positiven Unendlichen und schmiegen sich dann an die x-Achse (siehe Abb. 4.11).

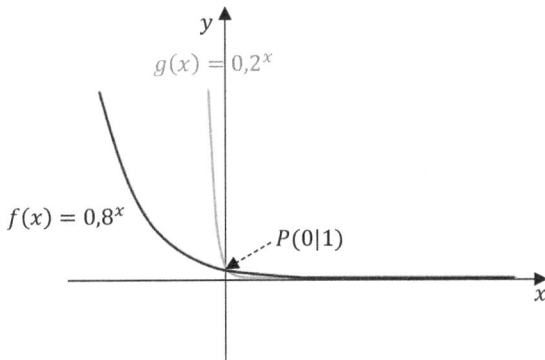

Abb. 4.11 Exponentielle Abnahme

Ist $a > 1$, spricht man von exponentiellem Wachstum. Die Graphen sind dann streng monoton steigend, schmiegen sich im negativen Bereich von x an die x-Achse und verlaufen dann in den positiven unendlichen Bereich (siehe Abb. 4.12).

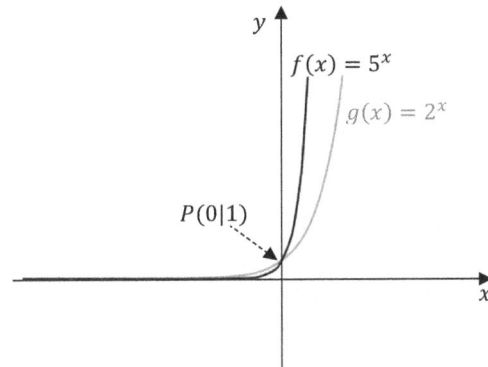

Abb. 4.12 Exponentielles Wachstum

Natürliche Exponentialfunktion

Ein Spezialfall der Exponentialfunktionen stellt die natürliche Exponentialfunktion dar. Diese basiert auf der irrationalen Euler'schen Zahl $e \approx 2{,}718$, welche im 18. Jahrhundert von Leonhard Euler eingeführt

Euler'sche Zahl

e-Funktion

wurde. Die natürliche Exponentialfunktion, oder kurz: e-Funktion, folgt also der Funktionsvorschrift:

$$f(x) = e^x \quad (\approx 2{,}718^x)$$

Da die Basis größer als 1 ist, handelt es sich hierbei um ein exponentielles Wachstum, also eine streng monoton steigende Funktion. Der Graph der e-Funktion sieht dabei aus, wie in Abb. 4.13 dargestellt.

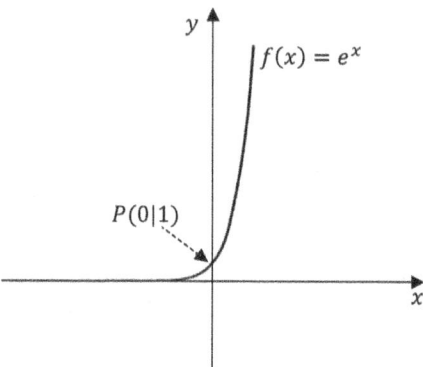

Abb. 4.13 e-Funktion

Eine Besonderheit der e-Funktion stellt ihre Steigung dar. Hat die Exponentialfunktion einen Wert von 0,2, so ist auch die Steigung in diesem Punkt 0,2 Einheiten groß. Bei einem Funktionswert von 5 ist auch die Steigung 5 Einheiten groß. Zusammengefasst hat die e-Funktion also immer eine Steigung, die so groß ist wie der jeweilige Funktionswert. (Mehr zum Thema Steigungen in Kap. 7.)

Logarithmusfunktion

Logarithmus

Der Logarithmus ist ein mathematischer Ausdruck, der bei der Beantwortung der Fragestellung „Mit was muss ich a potenzieren, um b zu erhalten?" nötig ist. Allgemein lässt sich dieser somit schreiben als:

$$a^x = b \Leftrightarrow x = \log_a b$$

mit a als Basis des Logarithmus, b als Numerus und x als Logarithmuswert.

Auch Gleichungen von Exponentialfunktionen lassen sich mithilfe des Logarithmus lösen:

$$f(x) = y = a^x \Leftrightarrow \log_a y = x$$

Je nachdem, welche Basis (a) der Logarithmus nutzt, ergeben sich unterschiedliche Vereinfachungen der Schreibweise. So wird aus $\log_{10} y = \lg y$ und aus $\log_2 y = \operatorname{ld} y$.

Im Falle der Euler'schen Zahl (e) als Basis wird der Logarithmus ebenfalls vereinfacht geschrieben: Statt $\log_e x$ schreibt man dann $\ln x$. Dieser Logarithmus ist der natürliche Logarithmus oder auch *logarithmus naturalis*. Die Zusammenhänge bleiben gleich:

Natürlicher Logarithmus

$$f(x) = y = e^x \Leftrightarrow x = \log_e y = \ln y$$

Nachdem nun die Zusammenhänge des Logarithmus geklärt sind, wird im Folgenden die Logarithmusfunktion eingeführt. Die Logarithmusfunktion stellt die Umkehrfunktion einer Exponentialfunktion dar (siehe Abschn. 4.7). Diese wird also an der Winkelhalbierenden gespiegelt, um die Logarithmusfunktion zu erhalten (siehe Abb. 4.14).

Logarithmusfunktion
Umkehrfunktion

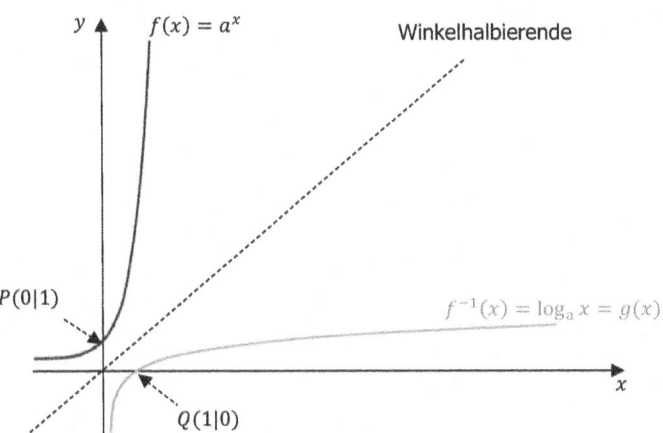

Abb. 4.14 Logarithmusfunktion

Bezogen auf die Exponentialfunktion $f(x) = a^x$ ist die Umkehrfunktion dementsprechend zu bezeichnen als

$$g(x) = f^{-1}(x) = \log_a x.$$

Wichtig ist dabei, dass man die Umkehrfunktion nicht als $f(x)$ bezeichnet, sondern entweder als $f^{-1}(x)$ (sprich: „f oben -1") oder als $g(x)$, um eine Unterscheidung zur Exponentialfunktion zu ermöglichen.

4.4. Verschieben, Strecken und Spiegeln von Graphen

Durch Summanden, Faktoren oder Vorzeichen können Graphen bzw. Funktionen verschoben, gestreckt und gespiegelt werden. Diese Manipulationen werden im Folgenden direkt am Beispiel der Ausgangsfunktionen $f(x) = x^2$ bzw. $h(x) = x^2 + 3x$ dargestellt. Deren manipulierte Funktionen werden hier als $g(x)$ bzw. $h(x)$ bezeichnet.

Senkrecht verschieben

Soll die Funktion senkrecht verschoben werden, ändert man den Wert der Konstanten um diesen Betrag. Gemäß der Gleichung $g(x) = f(x) + c$ liegt die manipulierte Funktion $g(x)$ also um c Einheiten weiter oben als die Ausgangsfunktion $f(x)$. Für den Fall, dass c negativ ist, liegt die manipulierte Funktion entsprechend weiter unten. In Abb. 4.15 wird z.B. die Funktion $f(x) = x^2$ um 4 nach oben verschoben, indem die Konstante 4 addiert wird:

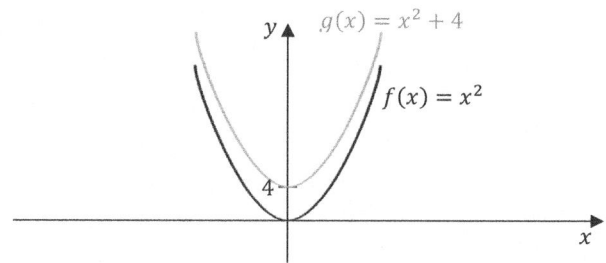

Abb. 4.15 Senkrechte Verschiebung

Waagrecht verschieben

In waagerechte Richtung kann die Funktion durch $g(x) = f(x + c)$ verschoben werden. An der Stelle des x wird in die Funktionsgleichung also jeweils in Klammern ein $(x + c)$ eingesetzt, aus $f(x) = x^2$ würde also $g(x) = (x + c)^2$ betrachtet werden. Falls c positiv ist, wird die

4.4 Verschieben, Strecken und Spiegeln von Graphen

Funktion um c Einheiten nach links verschoben; falls c negativ ist, wird sie nach rechts verschoben. (Häufig gemachter Fehler!) In Abb. 4.16 wird die Funktion $f(x) = x^2$ um 4 Einheiten nach links verschoben:

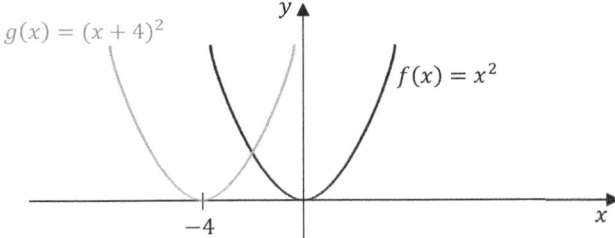

Abb. 4.16 Waagrechte Verschiebung

Senkrecht stauchen und strecken

Möchte man die Funktion senkrecht stauchen bzw. strecken, manipuliert man sie über die Vorschrift $g(x) = cf(x)$. Für $0 < |c| < 1$ wird die Funktion gestaucht (zusammengeschoben); für $|c| > 1$ wird sie gestreckt (langgezogen). Zur Veranschaulichung: Die Funktion wird auf dehnbaren Stoff gezeichnet, welcher senkrecht zusammengeschoben bzw. langgezogen wird. Eine Stauchung in y-Richtung könnte also z.B. wie in Abb. 4.17 aussehen:

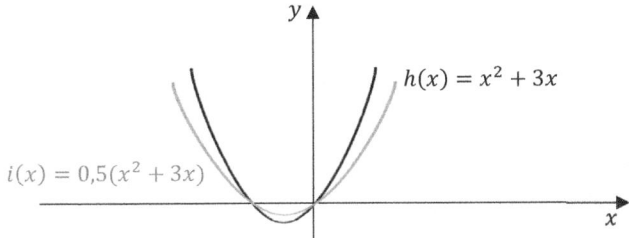

Abb. 4.17 Stauchung in y-Richtung

Waagrecht stauchen und strecken

Bei Stauchung oder Streckung in x-Richtung ändert sich die Manipulationsvorschrift zu $g(x) = f(cx)$. Auch ändert sich die Zuordnung, wann eine Streckung und wann eine Stauchung vorliegt.

Im Gegensatz zur y-Richtung wird die Funktion in x-Richtung gestreckt, wenn $0 < |c| < 1$, und gestaucht, wenn $|c| > 1$. In Abb. 4.18 wird der Graph z.B. mit $c = 0,5$ waagrecht gestreckt.

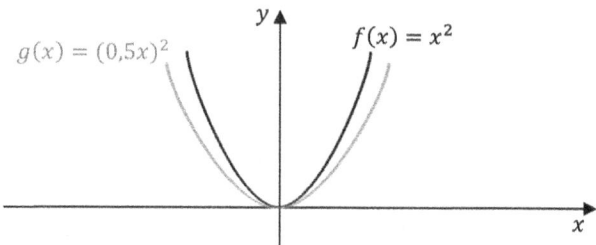

Abb. 4.18 Stauchung in x-Richtung

Spiegeln

Soll die Funktion gespiegelt werden, gibt es erneut zwei Möglichkeiten: Die Spiegelung an der y-Achse und die Spiegelung an der x-Achse. Um den Graphen an der y-Achse zu spiegeln, wird die Funktion über $g(x) = f(-x)$ manipuliert. Für die Spiegelung an der x-Achse nutzt man $g(x) = -f(x)$. Beide Spiegelungen sind in Abb. 4.19 dargestellt.

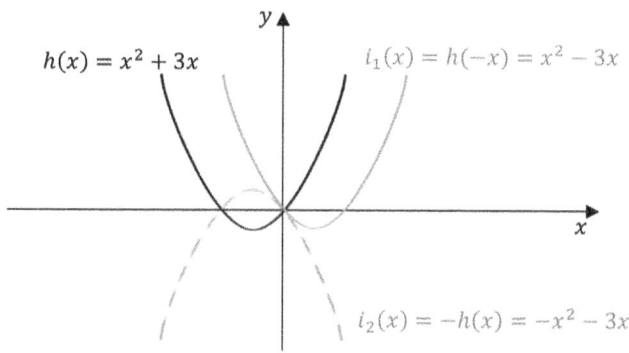

Abb. 4.19 Spiegelungen

Alle Manipulationsmöglichkeiten lassen sich auch miteinander kombinieren. So wäre beispielsweise die Funktion

$$g(x) = -5 \cdot ((4x - 2)^2 + 3)$$

eine Normalparabel, die zuerst in x-Richtung gestaucht (4), anschließend um zwei Einheiten nach rechts (-2), um drei Einheiten nach oben ($+3$) verschoben und in y-Richtung gestreckt ($5\cdot$) wurde. Zum Schluss wurde der Graph an der x-Achse gespiegelt ($-$).

4.5. Symmetrie

Die Symmetrie eines Graphen lässt sich mithilfe eines Tests überprüfen. Ist die Funktion achsensymmetrisch zur y-Achse, entspricht der Funktionswert $f(-x)$ dem Funktionswert $f(x)$ (siehe Abb. 4.20).

Achsensymmetrie zur y-Achse

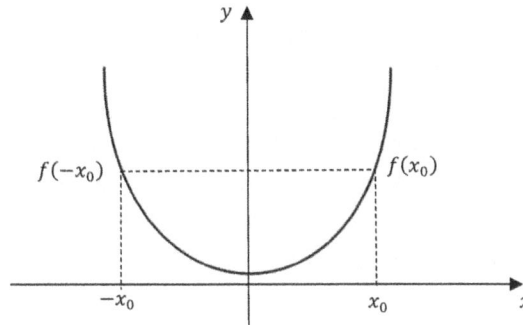

Abb. 4.20 Achsensymmetrie zur y-Achse

Ist die Funktion drehsymmetrisch (auch punktsymmetrisch) zum Ursprung, entspricht der Funktionswert von $f(-x)$ dem Funktionswert von $-f(x)$ (siehe Abb. 4.21).

Drehsymmetrie zum Ursprung

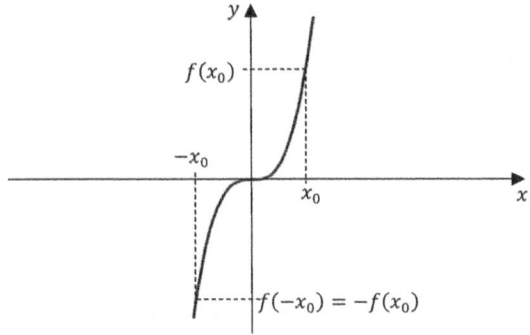

Abb. 4.21 Drehsymmetrie zum Ursprung

Kapitel 4   Funktionen – Grundlagen

Es ist also sinnvoll, die Funktion $f(-x)$ aufzustellen und diese anschließend zu vereinfachen. Dabei sollte die korrekte Klammersetzung beachtet werden, jedes x wird zu $(-x)$. Anschließend kann vereinfacht werden: Wird das $(-x)$ mit einem geraden Exponenten potenziert, so löst sich das Minus auf (z.B. $(-x)^2 = x^2$). Dahingegen wird das Minus vor den Summanden gezogen, wenn ein ungerader Exponent vorliegt (z.B. $(-x)^3 = -(x^3) = -x^3$). Nach dem Vereinfachen wird die Gleichung mit der ursprünglichen Funktion verglichen: Falls $f(-x) = f(x)$ gilt, ist die Funktion y-achsensymmetrisch, falls $f(-x) = -f(x)$ gilt, ist die Funktion drehsymmetrisch zum Ursprung.

Zum Überprüfen der Rechnung ist es hilfreich, die Exponenten der Funktion zu betrachten. Hat die Funktion nur gerade Exponenten (z.B. $x^2 + 3 = x^2 + 3x^0$), ist sie y-achsensymmetrisch, sind alle Exponenten ungerade (z.B. $x^3 + x = x^3 + x^1$), ist sie drehsymmetrisch zum Ursprung. Trifft keiner der beiden Fälle zu, ist die Funktion weder y-achsen- noch drehsymmetrisch zum Ursprung. Sie könnte dennoch symmetrisch zu anderen Punkten oder Achsen sein, was aber für gewöhnlich nicht untersucht wird.

4.6. Verketten von Funktionen

Verkettung

Viele Funktionen stellen nicht nur eine Verschiebung/Streckung/Spiegelung von Grundfunktionen dar, sondern bestehen aus einer Kombination verschiedener Grundfunktionen. Diese Kombinationen nennt man Verkettung. Das heißt, für jedes x in der einen Funktion wird die gesamte andere Funktion eingesetzt (auch hier: Auf Klammersetzung achten!). Formal lässt sich eine Verkettung auf zwei Arten darstellen:

$$f\bigl(g(x)\bigr) = f \circ g,$$

bzw. andersherum verkettet als:

$$g\bigl(f(x)\bigr) = g \circ f$$

So stellen beispielsweise viele Exponentialfunktionen eine Verkettung aus einer natürlichen Exponentialfunktion und einer linearen Funktion dar:

Erste Grundfunktion: $f(u) = e^u$
Zweite Grundfunktion: $g(x) = 3x + 1$
Verkettete Funktion: $y = f(g(x)) = e^{3x+1}$

Auch beim Logarithmus wird häufig verkettet:

Erste Grundfunktion: $f(u) = \ln(u) + u^2$
Zweite Grundfunktion: $g(x) = x^2 + 3$
Verkettete Funktion: $y = f(g(x)) = \ln(x^2 + 3) + (x^2 + 3)^2$

Verkettungen bedürfen besonderer Rücksicht beim Ableiten und Integrieren, welche in Kap. 7 und 8 erklärt werden.

4.7. Inverse einer Funktion

Die Inverse einer Funktion ist ihre Umkehrfunktion. Sie wird als $f^{-1}(x)$ („f oben -1") bezeichnet und ist grafisch gesehen die Spiegelung des Graphen der Funktion f an der Winkelhalbierenden (siehe Abb. 4.22).

Inverse
Umkehr-
funktion

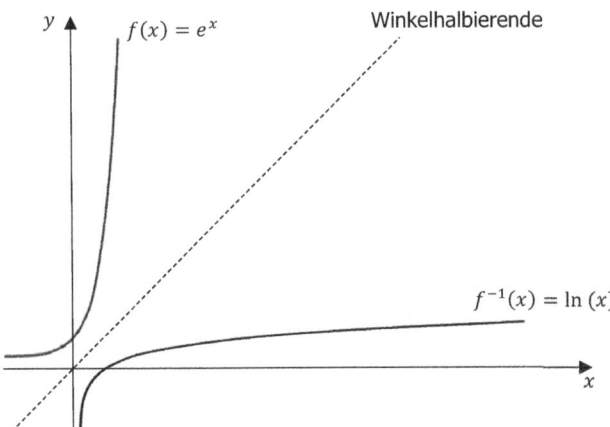

Abb. 4.22 Inverse8

Um den Funktionswert der Inversen zu berechnen, löst man zunächst die Gleichung $y = f(x)$ nach x in Abhängigkeit von y auf (dadurch hat die Gleichung die Form $x = g(y)$). Anschließend müssen nur noch die Variablen x und y ausgetauscht werden:

Ursprüngliche Funktion: $f(x) = 4x + 3$
Berechnung:
$y = 4x + 3 \quad | -3$
$y - 3 = 4x \quad |:4$
$\frac{1}{4}y - \frac{3}{4} = x = g(y)$

Tauschen der Variablen: $y = \frac{1}{4}x - \frac{3}{4} = g(x)$

Inverse: $f^{-1}(x) = g(x) = \frac{1}{4}x - \frac{3}{4}$

Invertierbarkeit

Es ist nicht immer möglich, die Inverse zu bilden. Möglich ist es immer dann, wenn nicht nur jedem x-Wert genau einer oder kein y-Wert zugeordnet wird, sondern auch jeder y-Wert maximal einem x-Wert zugeordnet ist. Anders gesagt: Im Verlauf der Funktion darf jeder x- und y-Wert jeweils maximal einmal vorkommen. In diesem Fall spricht man von einer umkehrbar eindeutigen Funktion (die Funktion ist bijektiv). Eine andere Herleitung für die Invertierbarkeit einer Funktion ergibt sich über das Monotonie- bzw. Steigungsverhalten (Abschn. 0): Die Funktion darf und muss entweder streng monoton steigend oder streng monoton fallend sein. Eine Kombination dieser beiden oder ein Abschnitt ohne Steigung/Gefälle verhindert die Invertierbarkeit der Funktion.

4.8. Stetigkeit und Differenzierbarkeit

Stetigkeit

Vereinfacht gesagt ist eine Funktion stetig, wenn sie keine Funktionssprünge oder Unterbrechungen hat. Ist die Funktion in einem Intervall oder über den gesamten Definitionsbereich stetig, hat sie in diesem Bereich immer einen maximalen und minimalen Wert. Abb. 4.23 demonstriert den Unterschied zwischen stetig und nichtstetig.

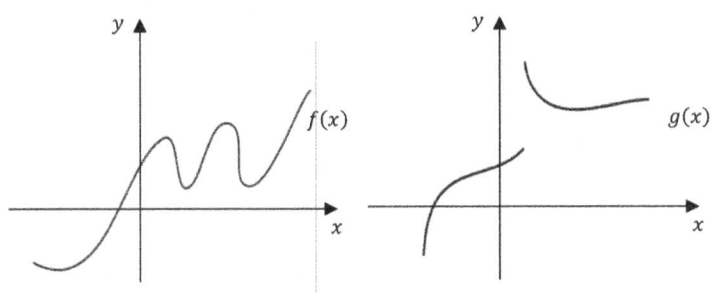

Abb. 4.23 Stetigkeit

Eine Funktion ist differenzierbar, wenn sie in jedem Punkt eine eindeutige Steigung hat. Grafisch betrachtet ist eine Funktion differenzierbar, wenn man sie ohne Knick zeichnen kann.

Differenzierbarkeit

Eine Funktion, die nicht stetig ist, ist auch nicht differenzierbar.

Sind f und g stetige Funktionen, so sind auch Kombinationen in der Form von $f + g$, $f - g$, $f \cdot g$ und Verkettungen $f \circ g$ stetig.

5. Nullstellen

5.1. Einführung

Nullstellen sind die Punkte, an denen der Graph einer Funktion f die x-Achse schneidet oder berührt ($y = 0$). Zur Berechnung setzt man $f(x) = 0$ und löst diese Gleichung nach x auf. Dabei gibt es verschiedene Vorgehensmuster, abhängig vom Typ der Funktion bzw. Gleichung, welche im Folgenden vorgestellt werden.

Nullstellen

Einfache Funktionen

Liegt die Funktion in einer der folgenden Formen vor, so lassen sich die Nullstellen normalerweise durch Umstellung, Multiplikation und Division leicht berechnen.

Lineare Funktion: $\qquad 3x + 5 = 0 \Leftrightarrow x = -\frac{5}{3}$

Spezielle quadratische Funktion: $\quad 3x^2 = 0 \Leftrightarrow x = 0$

Potenzfunktion: $\qquad 3x^5 = 0 \Leftrightarrow x = 0$

Gebrochenrationale Funktionen

Eine gebrochenrationale Funktion liegt in der Form von einem *Bruch* vor, welcher im Zähler und im Nenner jeweils eine ganzrationale Funktion stehen hat (z.B. $f(x) = \frac{x^2+3}{2x^3-2} = \frac{g(x)}{h(x)}$). Um die Nullstellen einer solchen Funktion zu finden, sucht man einfach nach den Nullstellen der Zählerfunktion (im Beispiel: $(x^2 + 3) = g(x)$). Hat der Zähler eine Nullstelle, so hat auch die Funktion eine Nullstelle. Hierbei gilt es zu beachten, dass der Nenner an dieser Stelle keine Nullstelle hat, da diese Stelle sonst nicht im Definitionsbereich der Funktion liegt (siehe Abschn. 4.2).

Gebrochenrationale Funktion

| Kapitel 5 | Nullstellen |

Ausklammern und Nullprodukt

Nullprodukt Der erste Schritt bei der Nullstellenberechnung einer ganzrationalen Funktion sollte immer die Überprüfung sein, ob in jedem Summanden ein x vorhanden ist. Falls dies der Fall ist, sollte das x mit dem höchstmöglichen (also mit dem kleinsten vorkommenden) Exponenten ausgeklammert werden (bei $x^4 + 0{,}5x^3 + 3x^2 = 0$ wird also x^2 ausgeklammert, wodurch die Gleichung dann als $x^2 \cdot (x^2 + 0{,}5x + 3) = 0$ vorliegt). Anschließend kann man das sogenannte Nullprodukt anwenden. Die Gleichung liegt dann allgemein in folgender Form vor:

$$x^a \cdot g(x) = 0$$

Wenn ein Produkt null ergeben soll, muss mindestens einer der Faktoren null sein (Satz des Nullprodukts). Es gilt also:

$$x^a = 0 \text{ oder } g(x) = 0$$

Somit liegen nun zwei Gleichungen vor, die getrennt voneinander betrachtet werden können. Die erste Gleichung liefert direkt eine Nullstelle bei $x = 0$, die zweite Gleichung – in der in mindestens einem Summanden kein x mehr vorhanden ist – muss dann noch aufgelöst werden. Je nachdem, wie diese Gleichung aussieht, kann eine der im Folgenden erklärten Techniken angewandt werden.

Hinweis: Neben dem x^a können auch andere Terme ausgeklammert werden. So lässt sich z.B. bei der Gleichung

$$3x^2 + 6x = 0$$

der Term $3x$ ausklammern:

$$3x \cdot (x + 2) = 0$$

Ebenfalls kann man größere Teile ausklammern, wenn man die entsprechenden Zusammenhänge sieht. Bei der Gleichung

$$3x^3 + 3x^2 + 4x + 4 = 0$$

könnte beispielsweise $(x + 1)$ ausgeklammert werden. Dadurch erhält man die Gleichung:

$$(x+1) \cdot (3x^2 + 4) = 0$$

Auch in diesen Fällen kann jeweils das Nullprodukt angewendet werden, da ein Produkt vorliegt, welches null ergeben soll.

Des Weiteren lässt sich das Nullprodukt auch auf Produkte mit mehr als zwei Faktoren übertragen. Liegen beispielsweise 4 Faktoren vor, die miteinander multipliziert null ergeben sollen, so muss wieder mindestens ein Faktor null sein:

$$e^{x-2} \cdot 3x^2 \cdot \ln x \cdot 4^x = 0$$
$$\Leftrightarrow e^{x-2} = 0 \text{ oder } 3x^2 = 0 \text{ oder } \ln x = 0 \text{ oder } 4^x = 0$$

Polynom zweiten Grades

Bei einer quadratischen Funktion gibt es zwei Formeln, mit denen man die Nullstellen berechnen kann: Die Mitternachtsformel und die pq-Formel. Beide funktionieren nach demselben Prinzip und liefern dasselbe Ergebnis, bei der pq-Formel wird lediglich ein Rechenschritt vor Anwendung dieser ausgeführt.

Liegt eine quadratische Funktion vor, von welcher die Nullstellen berechnet werden sollen ($ax^2 + bx + c = 0$), so lautet die Mitternachtsformel zur Berechnung dieser:

Mitternachtsformel

$$x_{1,2} = \frac{-b \pm \sqrt{b^2 - 4ac}}{2a}$$

Hierbei muss auf die korrekte Klammersetzung geachtet werden. Soll z.B. die Funktion $f(x) = -5x^2 + 2x + 10$ auf ihre Nullstellen untersucht werden, so lassen sich a, b und c als

$$a = -5, b = 2 \text{ und } c = 10$$

ablesen. Eingesetzt in die Mitternachtsformel ergibt sich somit:

$$x_{1,2} = \frac{-2 \pm \sqrt{2^2 - 4 \cdot (-5) \cdot 10}}{2 \cdot (-5)}$$

Rechnet man dies aus, ergeben sich bis zu zwei Nullstellen. Die Anzahl der Nullstellen ergibt sich dabei durch den Ausdruck in der Wurzel:

Falls der Term in der Wurzel positiv ist, erhält man genau zwei Nullstellen, da der Wert der Wurzel sowohl addiert als auch subtrahiert wird (der Scheitelpunkt liegt über oder unter der x-Achse mit nach unten bzw. nach oben geöffneter Parabel). Ergibt der Term unter der Wurzel null, hat die quadratische Funktion nur eine Nullstelle (der Scheitelpunkt berührt die x-Achse), da sowohl für + als auch für − der gleiche Wert resultiert. Ist das Ergebnis unter der Wurzel negativ, hat die Funktion hingegen keine Nullstelle, da die Wurzel aus einem negativen Wert nicht definiert ist (der Scheitelpunkt liegt über oder unter der x-Achse mit nach oben bzw. nach unten geöffneter Parabel).

pq-Formel

Bei der Anwendung der pq-Formel zur Nullstellenberechnung darf vor dem x^2 kein Koeffizient stehen. Deshalb wird die Gleichung

$$ax^2 + bx + c = 0$$

zunächst durch den Parameter a geteilt:

$$x^2 + \frac{b}{a}x + \frac{c}{a} = 0$$

Daraus ergeben sich die Werte $p = \frac{b}{a}$ und $q = \frac{c}{a}$ (die Vorzeichen müssen beachtet werden!), welche dann in die pq-Formel eingesetzt werden, um die Nullstellen zu berechnen:

$$x_{1,2} = -\frac{p}{2} \pm \sqrt{\left(\frac{p}{2}\right)^2 - q}$$

Wie bei der Mitternachtsformel erhält man also auch bei der pq-Formel abhängig vom Term unter der Wurzel keine, eine oder zwei Nullstellen für die quadratische Funktion.

Biquadratische Funktion

Biquadratische Funktion

Biquadratische Funktionen genügen der Funktionsvorschrift

$$f(x) = ax^4 + bx^2 + c$$

und sind in der Nullstellenberechnung ähnlich zu behandeln wie quadratische Funktionen. Bevor man jedoch die Lösungsformel anwendet, ist eine Substitution von x^2 durch z nötig ($z = x^2$). Durch diese Substitution erhält man die quadratische Funktion

Substitution

$$f(z) = az^2 + bz + c,$$

von welcher die Nullstellen über die Lösungsformeln (Mitternachts- oder pq-Formel) berechnet werden können. Man erhält also erneut bis zu zwei Nullstellen (z_1, z_2). Da allerdings nicht die Nullstellen der substituierten Funktion, sondern die der ursprünglichen Funktion gesucht sind, müssen die Ergebnisse abschließend noch resubstituiert werden:

$$x_1 = \sqrt{z_1}, x_2 = -\sqrt{z_1}, x_3 = \sqrt{z_2} \text{ und } x_4 = -\sqrt{z_2}$$

Diese Ergebnisse stellen dann die Nullstellen der ursprünglichen Funktion dar (bis zu vier).

Exponentialfunktion

Die natürliche Exponentialfunktion $f(x) = e^{g(x)}$ hat keine Nullstellen (und kann auch nicht negativ werden). Eine Nullstelle ist also nur dann möglich, wenn die Funktion um einen (negativen) Summanden oder um einen Faktor – der null werden kann – erweitert wird:

$$f(x) = e^{g(x)} - c \text{ mit } c \in \mathbb{R}^+$$

oder

$$f(x) = e^{g(x)} \cdot h(x)$$

Zur Nullstellenberechnung wird die Funktion zunächst gleich null gesetzt. Im Fall des zusätzlichen Summanden wird dieser dann auf die andere Seite gebracht. Anschließend kann man mithilfe des Logarithmus arbeiten, um die Funktion aufzulösen. Die wichtigste Logarithmusregel ist dabei, dass sich der natürliche Logarithmus und die natürliche e-Funktion aufheben: $\ln(e^{g(x)}) = g(x)$ und $e^{\ln(h(x))} = h(x)$.

Funktion: $\quad f(x) = e^{g(x)} - c$

Rechenschritte:
$\quad e^{g(x)} - c = 0 \quad\quad | + c$
$\quad e^{g(x)} = c \quad\quad | \ln(...)$
$\quad \ln(e^{g(x)}) = \ln(c) \quad\quad | \ln(e^a) = a$
$\quad g(x) = \ln(c)$

Hierbei muss berücksichtigt werden, dass der Logarithmus nur für positive Zahlen definiert ist. Letztlich muss die Funktion also so aufgebaut sein, dass der Logarithmus von einer positiven Zahl berechnet wird. Dies funktioniert entweder, wenn $e^{g(x)}$ positiv und die Konstante negativ ist, oder indem $-e^{g(x)}$ und eine positive Konstante vorliegen:

$$f(x) = e^{g(x)} - c \text{ oder } f(x) = -e^{g(x)} + c \text{ (jeweils mit } c \in \mathbb{R}^+)$$

Wird die e-Funktion mit einem zusätzlichen Faktor kombiniert, können mithilfe des Nullprodukts die Nullstellen gefunden werden:

Funktion: $\quad f(x) = e^{g(x)} \cdot h(x)$

Rechenschritte: $\quad e^{g(x)} \cdot h(x) = 0 \qquad$ | Nullprodukt

$\quad e^{g(x)} = 0$ oder $h(x) = 0$

$\quad \rightarrow h(x) = 0$

Anschließend wird dieser Teil aufgelöst.

5.2. Polynomdivision

Polynomdivision

Die Polynomdivision ist ein Verfahren zur Nullstellenberechnung von Polynomen. Diese soll anhand des Beispiel 681:3 noch einmal erklärt werden:

```
  6 8 1 : 3 = 2 2 7
- 6
  ‾‾‾
  0 8
-   6
  ‾‾‾
    2 1
-   2 1
    ‾‾‾
      0
```

Bei der schriftlichen Division teilt man die erste Zahl (6) durch den Divisor (3) und schreibt das höchstmögliche, ganzzahlige Ergebnis auf (2). Anschließend rechnet man rückwärts ($2 \cdot 3 = 6$) und zieht dieses Ergebnis von der ersten Zahl ab ($6 - 6 = 0$). Als Nächstes wird die zweite Zahl (8) nach unten gezogen (08) und durch den Divisor (3) geteilt. Das höchstmögliche, ganzzahlige Ergebnis (2) wird aufgeschrieben. Dann wird wieder rückwärts gerechnet ($2 \cdot 3 = 6$) und abgezogen ($08 - 6 = 2$). Anschließend wird die dritte Zahl (1) nach unten gezogen (21) und durch den Divisor (3) geteilt. Das höchstmögliche

5.2 Polynomdivision

ganzzahlige Ergebnis (7) wird notiert, es wird wieder rückwärts gerechnet ($7 \cdot 3 = 21$) und abgezogen ($21 - 21 = 0$). Diese Schritte werden so lange wiederholt, bis alle Zahlen des Dividenden (681) behandelt wurden.

Nach diesem Prinzip arbeitet auch die Polynomdivision. Statt zweier Zahlen werden allerdings Terme dividiert. Der Gedanke hinter der Polynomdivision steckt im Nullprodukt. So soll z.B. aus der Funktion

$$f(x) = x^4 + 2x^3 - x^2 + 4$$

ein Produkt der Form

$$f(x) = (x + 2) \cdot (x^3 - x + 2)$$

entstehen, um anschließend mithilfe des Nullprodukts vereinfachen zu können. Dazu muss zunächst eine Nullstelle erraten werden (oder sie ist in der Aufgabenstellung vorgegeben, falls nicht: typische Zahlen wie $-2, -1, 0, 1, 2$ überprüfen). Im vorliegenden Beispiel gibt es eine Nullstelle bei $x = -2$, woraus folgt: $x + 2 = 0$. Die linke Seite dieser Gleichung ($x + 2$) stellt dann den Divisor dar, durch den die Funktion geteilt wird, um auf den zweiten Faktor des Nullprodukts zu kommen:

$$
\begin{array}{l}
(x^4 + 2x^3 - x^2 + 4) : (x+2) = x^3 - x + 2 \\
-\underline{(x^4 + 2x^3)} \\
0 - x^2 \\
 -\underline{(-x^2 - 2x)} \\
 2x + 4 \\
 -\underline{(2x + 4)} \\
 0
\end{array}
$$

Dazu teilt man – wie bei der schriftlichen Division mit Zahlen – den ersten Summanden (x^4) durch x, schreibt das Ergebnis (x^3) auf und rechnet rückwärts ($x^3 \cdot (x + 2) = x^4 + 2x^3$). Das Ergebnis hiervon wird dann vom Dividenden abgezogen (Rest: 0). Der nächste Summand wird nach unten gezogen, es wird wieder durch x geteilt, das Ergebnis notiert ($-x$) und rückwärts gerechnet ($-x \cdot (x + 2) = -x^2 - 2x$). Das Ergebnis hiervon wird wieder abgezogen. Diese Schritte wiederholen sich so lange, bis alle Summanden des Dividenden behandelt wurden. Anschließend kann man die Funktion dann in die Form eines Produkts bringen:

$$f(x) = (x+2) \cdot (x^3 - x + 2)$$

Um die Nullstellen zu berechnen, wendet man das Nullprodukt an:

$$(x+2) = 0 \text{ oder } x^3 - x + 2 = 0,$$

wobei die zweite Gleichung wieder eine Polynomdivision erfordert.

5.3. Nullstellennäherung bei komplexen Funktionen

Bei komplexen Funktionen kann die Berechnung von Nullstellen schwierig sein, weshalb man sich der Nullstelle schrittweise annähert. Dazu gibt es drei Verfahren: Intervallhalbierung, Regula Falsi und das Newton-Verfahren.

Intervallhalbierung

Intervallhalbierung

Bei der Intervallhalbierung wird das vorgegebene Intervall sukzessiv nach bestimmten Gesichtspunkten halbiert. Dabei wird in jedem Schritt bestimmt, in welchem der beiden (Teil-)Intervalle die Nullstelle liegt. Mit diesem Intervall wird dann von vorne begonnen, es wird also wieder halbiert. Dieser Schritt wiederholt sich so lange, bis die Nullstelle mit einer hinreichenden Genauigkeit lokalisiert werden konnte (die geforderte Genauigkeit ergibt sich durch die Aufgabenstellung). In Abb. 5.1 wird dieses Vorgehen veranschaulicht.

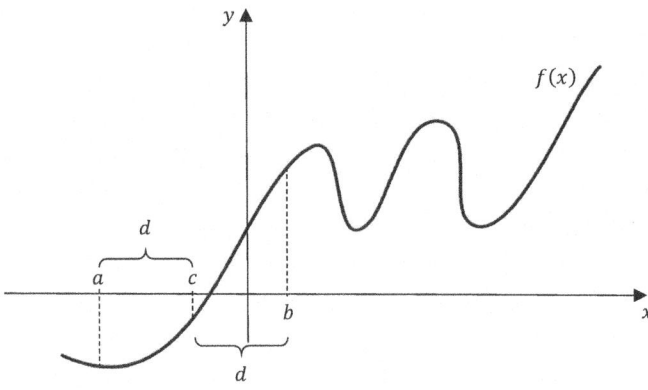

Abb. 5.1 Intervallhalbierung

5.3 Nullstellennäherung bei komplexen Funktionen

Um dieses Verfahren anzuwenden, muss zuerst ein geeignetes Intervall $[a, b]$ bestimmt werden, in dem eine (und nur eine!) Nullstelle liegt. Dazu muss gelten:

$$f(a) \cdot f(b) < 0$$

weil einer der beiden Funktionswerte oberhalb (+) und einer unterhalb (−) der x-Achse liegen muss ($+ \cdot - = -$).

Im zweiten Schritt wird der Mittelwert des Intervalls bestimmt. Dieser Mittelwert liegt bei:

$$c = \frac{a+b}{2}$$

und hat den Funktionswert $f(c)$. Da der Mittelwert – wie der Name schon sagt – in der Mitte des Intervalls liegt, ist der Abstand d zu a und b jeweils gleich groß:

$$d = \frac{b-a}{2}$$

Anschließend wird bestimmt, in welchem der Teilintervalle die Nullstelle liegt. Dazu werden erneut die Produkte der Funktionswerte betrachtet:

$f(a) \cdot f(c) < 0 \rightarrow$ Nullstelle x_0 liegt in $[a, c]$
$f(a) \cdot f(c) > 0 \rightarrow$ Nullstelle x_0 liegt in $[c, b]$
$f(c) = 0 \qquad \rightarrow$ Nullstelle $x_0 = c$, Verfahren beendet

Auf Basis dieser Erkenntnis kann man dann die neuen Intervallgrenzen $[a', b']$ festlegen, entweder als $[a, c]$ oder als $[c, b]$, je nachdem, in welchem Teil die gesuchte Nullstelle liegt. Mit diesem Intervall wird dann von vorne begonnen, bis die gewünschte Genauigkeit erreicht wurde.

Im letzten Schritt wird die (genäherte) Nullstelle – falls die echte Nullstelle nicht gefunden wurde – als Mittelwert des zuletzt festgelegten Intervalls bestimmt. Falls zuvor bereits für eine Stelle c gilt, dass $f(c) = 0$, kann das Verfahren an dieser Stelle mit der (genauen) Nullstelle $x_0 = c$ beendet werden.

Regula Falsi

Regula Falsi

Auch beim Regula-falsi-Verfahren zur Näherung von Nullstellen werden zunächst zwei Stellen bzw. Punkte bestimmt, zwischen denen eine (und nur eine!) Nullstelle liegt. Im Gegensatz zur Intervallhalbierung wird bei Regula Falsi eine Sekante (Gerade) zwischen den beiden Punkten berechnet, deren Nullstelle dann zur Bestimmung des neuen Teilintervalls dient (siehe Abb. 5.2).

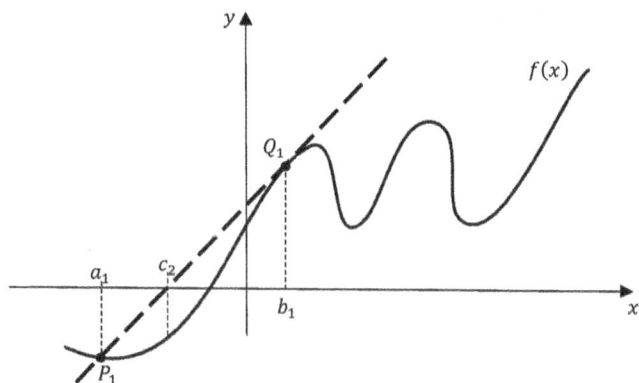

Abb. 5.2 Regula Falsi

Zunächst werden also zwei geeignete Punkte $P_1(a_1, f(a_1))$ und $Q_1(b_1, f(b_1))$ gesucht, für die (wie bei der Intervallhalbierung) gilt:

$$f(a_1) \cdot f(b_1) < 0$$

Anschließend kann die Sekante bestimmt werden, die durch die beiden Punkte P_1 und Q_1 verläuft. Von dieser muss dann die Nullstelle bestimmt werden (c_2). Zusammenfassen lassen sich diese beiden Schritte durch die Formel

$$c_2 = a_1 - \frac{b_1 - a_1}{f(b_1) - f(a_1)} \cdot f(a_1).$$

Anschließend wird wieder bestimmt, in welchem der Teilintervalle die Nullstelle liegt:

$$f(a_1) \cdot f(c_2) < 0$$

5.3 Nullstellennäherung bei komplexen Funktionen

$f(a_1) \cdot f(c_2) > 0$
  → Nullstelle x_0 in $[a_1, c_2] \to a_2 = a_1, b_2 = c_2$
  → Nullstelle x_0 in $[c_2, b_1] \to a_2 = c_2, b_2 = b_1$
$f(c_2) = 0$
  → Nullstelle $x_0 = c_2$, Verfahren beendet

Dadurch ergeben sich die neuen Punkte $P_k(a_k, f(a_k))$ und $Q_k(b_k, f(b_k))$, mit denen das Verfahren wiederholt wird, bis die gewünschte Genauigkeit erreicht wurde. Es wird also erneut die Nullstelle der Sekante zwischen den Punkten P_k und Q_k bestimmt. Die – bereits gezeigte – Formel zur Berechnung dieser Nullstelle ergibt sich allgemein gehalten durch:

$$c_{k+1} = a_k - \frac{b_k - a_k}{f(b_k) - f(a_k)} f(a_k)$$

Auch die Bestimmungsregeln für das Teilintervall können verallgemeinert werden:

$f(a_k) \cdot f(c_{k+1}) < 0$
  → Nullstelle x_0 in $[a_k, c_{k+1}] \to a_{k+1} = a_k, b_{k+1} = c_{k+1}$
$f(a_k) \cdot f(c_{k+1}) > 0$
  → Nullstelle x_0 in $[c_{k+1}, b_k] \to a_{k+1} = c_{k+1}, b_{k+1} = b_k$
$f(c_{k+1}) = 0$
  → Nullstelle $x_0 = c_{k+1}$, Verfahren beendet

Als (genäherte) Nullstelle wird die Nullstelle der Sekante der zuletzt berechneten Punkte verwendet. Falls zuvor bereits für eine Stelle c_k gilt, dass $f(c_k) = 0$, kann an dieser Stelle abgebrochen werden. Dann liegt die (genaue) Nullstelle bei $x_0 = c_k$.

Newton-Verfahren

Im Gegensatz zu den zuvor genannten Verfahren wird beim Newton-Verfahren nur ein Punkt benötigt. Dieser Punkt sollte möglichst nah an der gesuchten Nullstelle liegen. Im zweiten Schritt wird dann eine Tangente (eine Gerade, die den Graphen nur berührt) an den Funktionsgraphen in diesem Punkt angelegt. Von dieser Tangente wird dann die Nullstelle berechnet. An dieser Nullstelle wird erneut eine Tangente am Funktionsgraphen aufgestellt, mit welcher wie zuvor weitergearbeitet

Newton-Verfahren

wird. Graphisch lässt sich das Newton-Verfahren durch Abb. 5.3 und Abb. 5.4 darstellen.

Erste Stufe

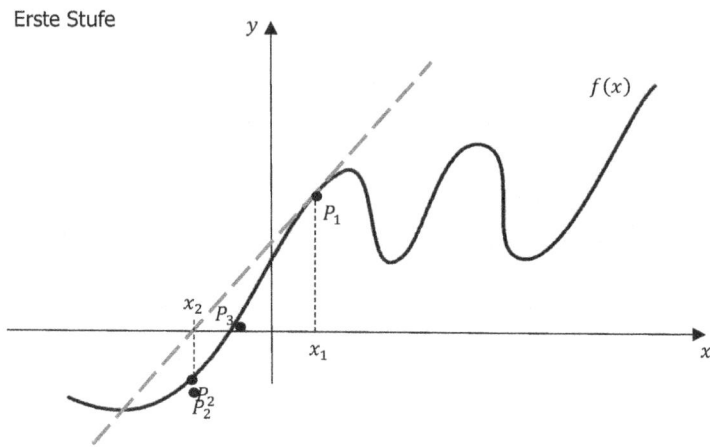

Abb. 5.3 Newton-Verfahren I

Zweite Stufe

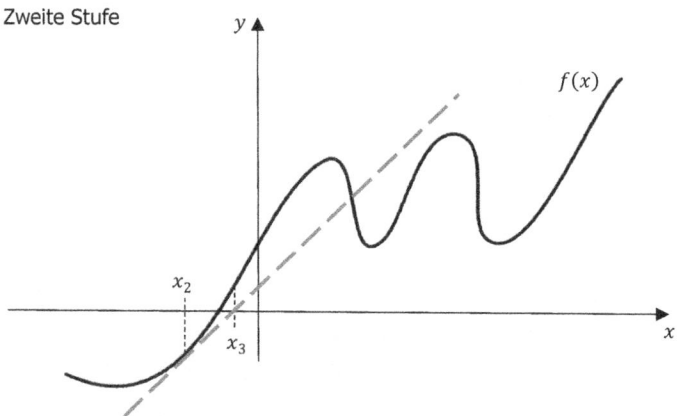

Abb. 5.4 Newton-Verfahren II

Zunächst wird also ein Punkt $P_1(x_1, f(x_1))$ möglichst nah an der erwarteten Nullstelle bestimmt. Die Tangente an diesem Punkt hat ihre Nullstelle bei:

$$x_2 = x_1 - \frac{f(x_1)}{f'(x_1)}$$

5.3 Nullstellennäherung bei komplexen Funktionen

Dazu darf die Steigung der Tangente ($f'(x_1)$) nicht null sein, sonst würde durch null geteilt werden. Grafisch gesehen lässt sich dies dadurch erklären, dass die Tangente bei einer Steigung von null waagerecht verläuft, wodurch eine Nullstelle verhindert wird.

Auf Basis der errechneten Nullstelle wird dann der Punkt $P_2(x_2, f(x_2))$ bestimmt. Falls $f(x_2) = 0$ gilt, kann das Verfahren beendet werden. Die gesuchte Nullstelle ist dann $x_0 = x_2$. Ansonsten wird das Verfahren mit dem neuen Punkt bis zur gewünschten Genauigkeit wiederholt.

Allgemein wird also der Punkt $P_k(x_k, f(x_k))$ bestimmt. An diesem Punkt wird eine Tangente an den Funktionsgraphen angelegt, von welcher die Nullstelle berechnet wird. Diese liegt bei:

$$x_{k+1} = x_k - \frac{f(x_k)}{f'(x_k)}$$

Anschließend wird der neue Punkt $P_{k+1}(x_{k+1}, f(x_{k+1}))$ bestimmt, mit welchem das Verfahren bis zur gewünschten Genauigkeit wiederholt wird. Falls bei einer Wiederholung $f(x_k) = 0$ ist, so wurde die Nullstelle $x_0 = x_k$ gefunden und das Newton-Verfahren kann beendet werden.

6. Grenzwerte

Ein Grenzwert gibt an, wie sich Funktionen verhalten, wenn man sich einem bestimmten x-Wert nähert. Dieser Grenzwert nennt sich auch Limes. Die Untersuchung des Limes ist für Funktionen mit Sprüngen oder Definitionslücken interessant. Außerdem wird er zur Untersuchung des Verhaltens einer Funktion im Unendlichen verwendet.

Limes

Formal schreibt sich der Limes als:

$$\lim_{x \to a} f(x) = A,$$

gesprochen: „Der Limes für x gegen a von $f(x)$ ist gleich A."

6.1. Funktionssprünge und Definitionslücken

Funktionssprüngen und Definitionslücken kann man sich von links oder rechts nähern, wobei die Grenzwerte jeweils unterschiedlich sind.

Ein Funktionssprung liegt dann vor, wenn in der Funktionsvorschrift eine Fallunterscheidung gegeben ist. Dies wird gekennzeichnet durch eine Mengenschreibweise, die z.B. so aussehen könnte:

Funktionssprünge

$$f(x) = \begin{cases} \dots \text{ für } x \leq \dots \\ \dots \text{ für } x > \dots \end{cases}$$

Anhand von Abb. 6.1 soll die Schreibweise des Limes bei Funktionssprüngen verdeutlicht werden.

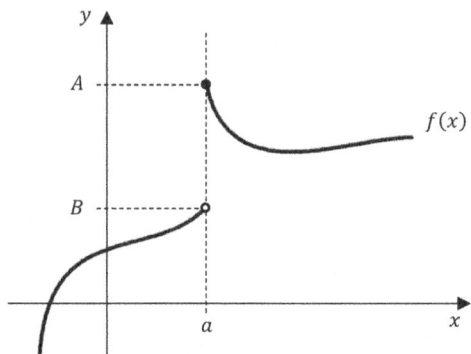

Abb. 6.1 Funktionssprung

An der Stelle a beträgt der Funktionswert A (dies ist gekennzeichnet durch den ausgefüllten Punkt). Nähert man sich diesem Funktionssprung allerdings von links, so ist der Grenzwert B.

Möchte man sich ihm von links nähern, schreibt man:

$$\lim_{x \to a^-} f(x) = B$$

Wohingegen eine Näherung von rechts gekennzeichnet wird durch:

$$\lim_{x \to a^+} f(x) = A$$

Wie Abb. 6.2 zeigt, verhält es sich bei Definitionslücken (Abschn. 4.2) genauso wie bei Funktionssprüngen.

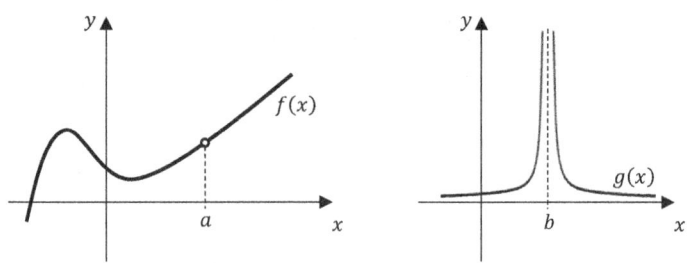

Abb. 6.2 Definitionslücken

Den Definitionslücken kann man sich ebenfalls von links und rechts nähern, die entsprechende Schreibweise bleibt gleich:

Näherung von links: $\lim_{x \to a^-} f(x)$ bzw. $\lim_{x \to b^-} g(x)$

Näherung von rechts: $\lim_{x \to a^+} f(x)$ bzw. $\lim_{x \to b^+} g(x)$

Sollen die Grenzwerte an Funktionssprüngen oder Definitionslücken angegeben werden, so empfiehlt es sich, einen minimal kleineren und minimal größeren Wert in die Funktionsgleichung einzusetzen. Geht es z.B. um die Stelle $a = 5$, so könnte man für den Grenzwert von links kommend 4,999999999 und für den Grenzwert von rechts kommend 5,000000001 einsetzen. Ein genaueres Verfahren zur Berechnung dieser Grenzwerte würde über eine entsprechende Folge funktionieren, die gegen null konvergiert, z.B. die Folge $\frac{1}{n}$. Diese würde man dann zusammen mit dem a in die Funktion einsetzen und gegen unendlich laufen lassen:

$$\lim_{x \to a^-} f(x) = \lim_{n \to \infty} f\left(a - \frac{1}{n}\right) \text{ bzw. } \lim_{x \to a^+} f(x) = \lim_{n \to \infty} f\left(a + \frac{1}{n}\right)$$

Durch den Grenzwert der Folge von null erhält man so letztlich den gesuchten Grenzwert der Funktion an der Stelle a von links oder rechts aus kommend.

6.2. Verhalten im Unendlichen

Beim Verhalten im Unendlichen geht es um die Entwicklung des Graphen am linken und rechten Rand. So geht die Funktion $f(x) = x^3$ (Abb. 7.6) für x gegen $+\infty$ gegen $+\infty$ und für x gegen $-\infty$ gegen $-\infty$. Ein Graph kann im Unendlichen aber auch gegen eine Zahl konvergieren. Z.B. tangiert der Graph von $f(x) = \frac{1}{x}$ (Abb.) für $+\infty$ gegen null (von oben kommend) und für x gegen $-\infty$ gegen null (von unten kommend).

Verhalten im Unendlichen

Anhand Abb. 6.3 soll die Schreibweise des Limes beim Verhalten im Unendlichen verdeutlicht werden.

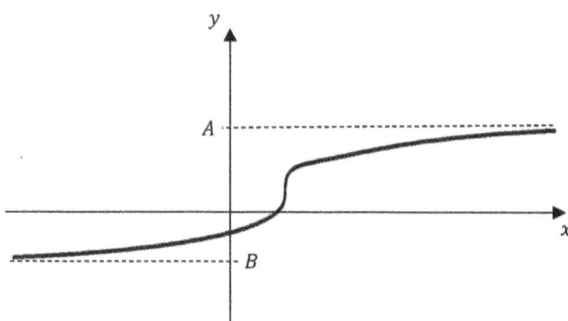

Abb. 6.3 Verhalten im Unendlichen

Der Grenzwert des Graphen im positiven Unendlichen wird folgendermaßen dargestellt:

$$\lim_{x \to +\infty} f(x) = A$$

Untersucht man den Graphen im negativen Unendlichen, schreibt man:

$$\lim_{x \to -\infty} f(x) = B$$

Das Vorgehen zum Berechnen dieser Grenzwerte folgt je nach Art der Funktion verschiedenen Regeln. Unterschieden wird im Folgenden zwischen Funktionen, die nur aus Polynomen bestehen, die Polynome und Terme mit $e^{g(x)}$ mischen, und Funktionen, die gebrochenrational sind.

Funktionen, die nur aus Polynomen bestehen

Wenn in der Funktion lediglich Polynome vorliegen, ermittelt man zunächst das x mit dem höchsten Exponenten. Alle anderen Bestandteile der Funktion können niemals so groß werden wie dieses x, weshalb es ausreicht, nur das x mit dem höchsten Exponenten zu betrachten. Statt z.B.

$$\lim_{x \to +\infty} f(x) = \lim_{x \to +\infty} x^3 - x^2 + x$$

betrachtet man also lediglich

$$\lim_{x \to +\infty} x^3 = +\infty.$$

Die Funktion $f(x) = x^3 - x^2 + x$ verläuft im positiven unendlichen Bereich ins positive Unendliche.

Genauso kann die Funktion im negativen Bereich betrachtet werden:

$$\lim_{x \to -\infty} f(x) = \lim_{x \to -\infty} x^3 - x^2 + x = \lim_{x \to -\infty} x^3 = -\infty$$

Im negativen unendlichen Bereich verläuft die Funktion also ins negativ Unendliche.

Funktionen, die Polynome und $e^{g(x)}$ mischen

Wenn in der Funktion zusätzlich zu Polynomen auch eine e-Funktion vorliegt, die addiert oder subtrahiert wird (z.B. $f(x) = 3x^2 - x^3 + e^{x-3}$), teilt man die Funktion am besten in zwei Teile auf: Die Polynome bilden den ersten Teil, die e-Funktion bildet den zweiten Teil. Nun kann man beide Teile getrennt voneinander betrachten und anschließend die Ergebnisse zusammensetzen. Da sich die e-Funktion schneller entwickelt als jedes Polynom, fällt sie stärker ins Gewicht. (Zur Veranschaulichung: Die genannte e-Funktion (e^{x-3}) hat z.B. für $x = 10$ bereits den Funktionswert 1097, während die Polynome ($3x^2 - x^3$) „erst" bei -700 sind, in größeren Zahlenbereichen ist deren Einfluss also verschwindend gering.) Werden die beiden Teile durch ein + verbunden, ergeben sich dadurch folgende Grenzwerte:

Polynome verlaufen gegen...	e-Funktion verläuft gegen...	Anmerkung	Funktion verläuft gegen
$+\infty$	$+\infty$		$+\infty$
$+\infty$	$-\infty$	e-Funktion ist schneller	$-\infty$
$+\infty$	0		$+\infty$
$-\infty$	$+\infty$	e-Funktion ist schneller	$+\infty$
$-\infty$	$-\infty$		$-\infty$
$-\infty$	0		$-\infty$

Anhand des Beispiels $f(x) = 3x^2 + x^3 + e^{x-3}$ soll dieses Verfahren noch einmal verdeutlicht werden:

Erster Teil: $\quad 3x^2 - x^3$

$\rightarrow$ für Limes ist nur der höchste Exponent relevant:
$$\lim_{x \to +\infty} 3x^2 - x^3 = \lim_{x \to +\infty} -x^3 = "(-\infty)^3" = "-(\infty)^3"$$
$$= -\infty$$

Zweiter Teil: $\quad e^{x-3}$
$$\lim_{x \to +\infty} e^{x-3} = "e^{\infty-3}" = "e^\infty" = +\infty$$

Insgesamt verläuft die e-Funktion schneller ins positive Unendliche, als die Polynome ins negative Unendliche verlaufen, weshalb die gesamte Funktion für $x \to \infty$ ins positive Unendliche verläuft:

$$\lim_{x \to +\infty} f(x) = \lim_{x \to +\infty} 3x^2 - x^3 + e^{x-3} = +\infty$$

Falls die Polynome und die e-Funktion durch ein Produkt verbunden sind (z.B. $f(x) = (x^4 - x^3) \cdot (-e^{2x})$), ändert sich die Vorgehensweise. Eine explizite Trennung ist dann nicht mehr möglich. Dennoch betrachtet man den Grenzwert der e-Funktion und des Polynoms jeweils getrennt voneinander und multipliziert diese anschließend:

Polynome verlaufen gegen...	e-Funktion verläuft gegen...	Anmerkung	Funktion verläuft gegen
$+\infty$	$+\infty$	$+\cdot+=+$	$+\infty$
$+\infty$	$-\infty$	$+\cdot-=-$	$-\infty$
$+\infty$	0	$\ldots\cdot 0 = 0$	0
$-\infty$	$+\infty$	$+\cdot-=-$	$+\infty$
$-\infty$	$-\infty$	$-\cdot-=+$	$+\infty$
$-\infty$	0	$\ldots\cdot 0 = 0$	0

Auch dieses Vorgehen soll anhand des Beispiels $f(x) = (x^4 - x^3) \cdot (-e^{2x})$ verdeutlicht werden:

Erster Teil: $\quad x^4 - x^3$.
$\quad\quad\quad\quad\quad$ → für Limes nur der höchste Exponent relevant:
$$\lim_{x\to+\infty} x^4 - x^3 = \lim_{x\to+\infty} x^4 = "\infty^4" = +\infty$$

Zweiter Teil: $\quad -e^{2x}$.
$$\lim_{x\to+\infty} -e^{2x} = "-e^{2\cdot\infty}" = "-e^{\infty}" = -\infty$$

Da $-\cdot+=-$ ergibt, resultiert beim Zusammensetzen der beiden Teile, dass die gesamte Funktion für $x \to \infty$ ins negative Unendliche verläuft:

$$\lim_{x\to+\infty} f(x) = \lim_{x\to+\infty} (x^4 - x^3) \cdot (-e^{2x}) = -\infty$$

Funktionen, die gebrochenrational sind

Mit diesem Vorgehen können Grenzwerte allgemein gut berechnet werden. Komplizierter wird dies allerdings, wenn die Funktion als Bruch vorliegt. Im Fall von Brüchen ist es hilfreich, die einzelnen Summanden im Bruch durch das x mit dem höchsten Exponenten zu teilen. (Dies entspricht einer Erweiterung des Bruchs um den Kehrbruch des x mit dem höchsten Exponenten.) Anschließend können diese dann einzeln betrachtet und zusammengesetzt werden:

$$\lim_{x\to+\infty} f(x) = \lim_{x\to+\infty} \frac{x^3 + x}{x^4 - 5} \quad\quad |\cdot \frac{1}{x^4}$$

$$\lim_{x \to +\infty} \frac{\frac{1}{x} + \frac{1}{x^3}}{1 - \frac{5}{x^4}} = \frac{0+0}{1+0} = \frac{0}{1} = 0$$

Regel von L'Hospital

Kommt man beim Zusammensetzen auf die unbestimmten Ausdrücke $\frac{0}{0}, \frac{\pm\infty}{0}$ oder $\frac{\pm\infty}{\pm\infty}$, muss man sich der Regel von L'Hospital bedienen, bei der Zähler und Nenner des Bruchs *getrennt voneinander* abgeleitet werden. Von diesem neuen Ausdruck wird dann der Grenzwert gebildet. Je nach Funktion kann ein mehrfaches Anwenden der L'Hospital'schen Regel notwendig sein:

$$\lim_{x \to \pm\infty} \frac{f(x)}{g(x)} = \lim_{x \to \pm\infty} \frac{f'(x)}{g'(x)} = \lim_{x \to \pm\infty} \frac{f''(x)}{g''(x)} = \cdots$$

Zur Veranschaulichung der L'Hospital'schen Regel:

$$\lim_{x \to +\infty} f(x) = \lim_{x \to +\infty} \frac{e^x + x}{x^2} = "\frac{\infty + \infty}{\infty}" = "\frac{\infty}{\infty}" = ?$$
→ Anwendung nötig

$$\lim_{x \to +\infty} \frac{e^x + x}{x^2} = \lim_{x \to +\infty} \frac{e^x + 1}{2x} = "\frac{\infty + 1}{\infty}" = "\frac{\infty}{\infty}" = ?$$
→ erneute Anwendung nötig

$$\lim_{x \to +\infty} \frac{e^x + x}{x^2} = \lim_{x \to +\infty} \frac{e^x + 1}{2x} = \lim_{x \to +\infty} \frac{e^x}{2} = "\frac{\infty}{2}" = \infty$$
→ $\lim_{x \to +\infty} f(x) = \infty$

Hinweis: Die Schreibweise und das Rechnen mit unendlich ist nicht erlaubt und äußerst unpräzise. Diese dient hier lediglich der Darstellung des Rechenweges und ist deshalb mit Anführungszeichen versehen. Selbstverständlich lässt sich die Rechnung außerdem durch Einsetzen sehr hoher Zahlen in die Funktion überprüfen. Da dies jedoch in keiner Klausur genügen wird, sollte man die Rechenschritte dennoch kennen. (Achtung: Auch in E-Klausuren lässt sich durch Hinzufügen unbekannter Parameter ein händisches Anwenden der Rechenschritte erzwingen!)

6.3. Zusammenhang von Grenzwert und Stetigkeit

Mithilfe des Grenzwerts kann man die Stetigkeit einer Funktion nachweisen: Eine Funktion $f(x)$ ist an einer Stelle a stetig, wenn der Grenzwert von f an der Stelle a existiert und mit dem Funktionswert übereinstimmt. Formal bedeutet dies, dass gilt:

$$\lim_{x \to a} f(x) = f(a),$$

wobei dies sowohl von links als auch von rechts kommend gelten muss. Zur Überprüfung wird dann mithilfe einer Folge gearbeitet, die gegen null konvergiert (z.B. die Folge $\frac{1}{n}$, Abschn. 6.1).

7. Differentialrechnung

7.1. Einführung

Bei der Differentialrechnung geht es um die lokalen Veränderungen von Funktionen, welche durch die Ableitung beschrieben werden. Die lokale Veränderung ist dabei gegeben durch die Steigung einer Funktion $f(x)$ in einem Punkt. Bei einer Geraden ist diese Steigung konstant (m), bei anderen Funktionen ändert sich diese im Verlauf des Graphen.

Differential-rechnung

Die Idee hinter einer Ableitung ist, dass an jeden Punkt des Graphen eine Gerade angelegt wird (= Tangente). Diese Tangenten haben jeweils dieselbe Steigung wie die Funktion in diesem Berührpunkt. Würde man also unendlich viele Tangenten an die Funktion anlegen (siehe Abb. 7.1) und die jeweilige Steigung in ein Koordinatensystem eintragen, erhält man die allgemeine Ableitungsfunktion $f'(x)$.

Ableitung

Kapitel 7   Differentialrechnung

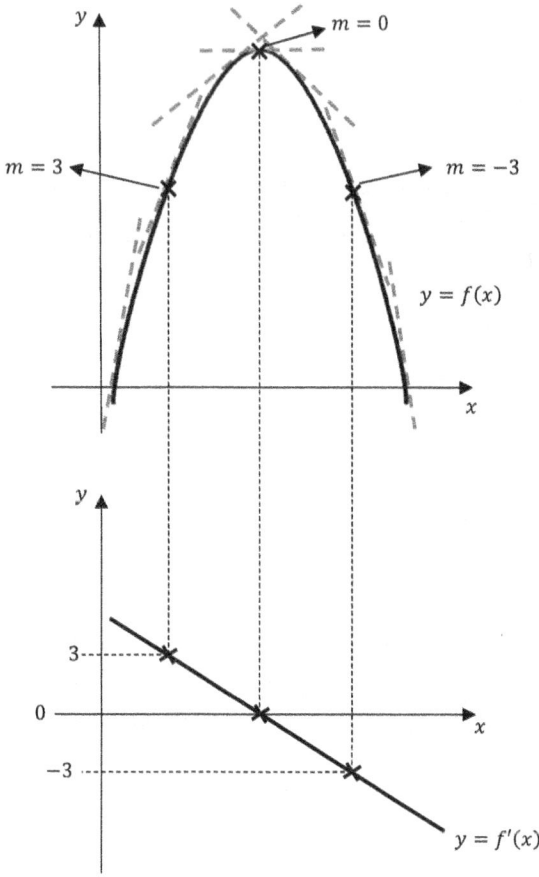

Abb. 7.1 Tangenten

Formal leitet sich die Ableitung daraus her, dass man die Steigung zwischen zwei Punkten berechnen möchte, wobei der Abstand h zwischen diesen Punkten gegen null konvergiert:

$$f'(x) = \lim_{h \to 0} \frac{f(x+h)-f(x)}{h}$$

Dabei heißt $\frac{f(x+h)-f(x)}{h}$ Differenzenquotient und $f'(x)$ Differentialquotient. Die Ableitung lässt sich auch schreiben als:

$$f'(x) = \frac{dy}{dx} = \frac{df(x)}{dx},$$

wobei das dx im Nenner angibt, nach welcher Variablen differenziert werden soll (Abschn. 9.2).

**Differenzenquotient
Differentialquotient**

Auch von der Ableitung $f'(x)$ kann eine Ableitung gebildet werden, die mit $f''(x)$ bezeichnet wird. Diese zweite Ableitung $f''(x)$ stellt die „Steigung der Steigung" der Funktion $f(x)$ dar bzw. die Steigung der Ableitung $f'(x)$. Außerdem gibt die zweite Ableitung Informationen über das Krümmungsverhalten der Funktion (Links- oder Rechts-Kurve; Abschn. 7.4).

7.2. Anleitung zum Ableiten

Zum Ableiten von Funktionen gibt es verschiedene Regeln, die im Folgenden vorgestellt werden. Beispiele am Ende des Abschnitts veranschaulichen diese dann noch einmal.

Ableitungsregeln

Konstanten haben keine Steigung, weshalb ihre Ableitung = 0 ist. Anders werden Parameter in einem Produkt mit x behandelt, der Parameter bleibt beim Ableiten stehen:

$f(x) = c$ $f'(x) = 0$
$f(x) = c + g(x)$ $f'(x) = g'(x)$
$f(x) = c \cdot g(x)$ $f'(x) = c \cdot g'(x)$

Eine sehr wichtige Regel stellt die Potenzregel dar. Der Exponent wird um eins verringert, der ursprüngliche Exponent wird vor den Ausdruck gezogen:

Potenzregel

$f(x) = x^a$ $f'(x) = ax^{a-1}$

Bei einer abzuleitenden Wurzel ist es hilfreich, wenn diese zur Potenz umgeschrieben wird. Anschließend kann diese über die Potenzregel leichter abgeleitet und vereinfacht werden:

$$f(x) = \sqrt{x} = x^{\frac{1}{2}} \qquad f'(x) = \frac{1}{2}x^{-\frac{1}{2}} = \frac{1}{2} \cdot \frac{1}{x^{\frac{1}{2}}} = \frac{1}{2\sqrt{x}}$$

Summenregel

Liegt die Funktion als Summe oder Differenz mehrerer „Teilfunktionen" von x vor, leitet man diese getrennt voneinander ab und fasst sie anschließend wieder zusammen:

$$f(x) = g(x) \pm h(x) \qquad f'(x) = g'(x) \pm h'(x)$$

Produktregel

Sind die beiden „Teilfunktionen" nicht durch + oder − verbunden, sondern über ein Produkt, muss die Produktregel angewendet werden:

$$\begin{aligned} f(x) &= g(x) \cdot h(x) & f'(x) &= g'(x)h(x) + g(x)h'(x) \\ &= u \cdot v & &= u'v + uv' \end{aligned}$$

**Quotienten-
regel**

Liegen die beiden „Teilfunktionen" als Quotient vor, wird die Quotientenregel genutzt:

$$\begin{aligned} f(x) &= \frac{g(x)}{h(x)} & f'(x) &= \frac{g'(x)h(x) - g(x)h'(x)}{h(x)^2} \\ &= \frac{u}{v} & &= \frac{u'v - uv'}{v^2} \end{aligned}$$

Diese Regel kann man sich über den Ausdruck $\frac{NAZ-ZAN}{N^2}$ merken, wobei N für den Nenner, A für die Ableitung und Z für den Zähler steht.

Kettenregel

Sind zwei „Teilfunktionen" miteinander verkettet (Abschn. 2.6) ist beim Ableiten die Kettenregel anzuwenden (Merksatz: äußere mal innere Ableitung):

$$f(x) = g(h(x)) \qquad f'(x) = g'(h(x)) \cdot h'(x)$$

Die Kettenregel ist vor allem bei der Exponential- und Logarithmusfunktion wichtig, aber auch bei verschachtelten Klammern und Wurzeln. Zu beachten ist, dass bei der Ableitung der äußeren Klammer die innere Funktion $(h(x))$ wieder unverändert eingesetzt wird.

7.2 Anleitung zum Ableiten — Kapitel 7

Für die Exponentialfunktion gelten beim Ableiten besondere Regeln. Da die Steigung der natürlichen Exponentialfunktion immer dem Funktionswert entspricht (Abschn. 4.3), ist die abgeleitete e-Funktion wieder die natürliche Exponentialfunktion:

e-Funktion

$$f(x) = e^x \qquad f'(x) = e^x$$

Außerdem wird die Ableitung einer verketteten Exponentialfunktion mithilfe der Kettenregel gebildet. Immer dann, wenn im Exponenten nicht nur x steht, ist dies nötig:

$$f(x) = e^{g(x)} \qquad f'(x) = e^{g(x)} \cdot g'(x)$$

Nach einem ähnlichen Schema arbeitet das Prinzip beim Ableiten einer Logarithmusfunktion. Der natürliche Logarithmus wird abgeleitet zum Bruch:

Logarithmusfunktion

$$f(x) = \ln(x) \qquad f'(x) = \frac{1}{x}$$

Wird der Logarithmus jedoch mit einer anderen Funktion verkettet, muss ebenfalls die Kettenregel angewendet werden:

$$f(x) = \ln(g(x)) \qquad f'(x) = \frac{1}{g(x)} \cdot g'(x)$$

Auch bei Klammern kann die Kettenregel von Bedeutung sein:

$$f(x) = (g(x))^a \qquad f'(x) = a \cdot (g(x))^{a-1} \cdot g'(x)$$

Da Wurzeln auch zu Potenzen umgeschrieben werden können, gilt die Anwendung der Kettenregel auch bei diesen:

Wurzelfunktion

$$f(x) = \sqrt[a]{g(x)} \qquad f'(x) = \frac{1}{a} \cdot (g(x))^{\frac{1}{a}-1} \cdot g'(x)$$
$$ = g(x)^{\frac{1}{a}}$$

Zahlenbeispiele

Potenzregel und Konstanten:

$$f(x) = 3x^4 + 8$$
$$f'(x) = 4 \cdot 3x^{4-1} + 0 = 12x^3$$

Differentialrechnung

Potenzregel, Wurzeln und Summen/Differenzen:

$$f(x) = \sqrt[3]{x^2} - 5x^4 = x^{\frac{2}{3}} - 5x^4$$

$$f'(x) = \frac{2}{3}x^{\frac{2}{3}-1} - 4 \cdot 5x^{4-1} = \frac{2}{3}x^{-\frac{1}{3}} - 20x^3 = \frac{2}{3\sqrt[3]{x}} - 20x^3$$

Potenzregel, Produktregel und Summen/Differenzen:

$$f(x) = 4x^3 \cdot (5x^3 + 4x)$$

$$u = 4x^3 \qquad\qquad u' = 12x^2$$
$$v = 5x^3 + 4x \qquad\qquad v' = 15x^2 + 4$$

$$f'(x) = 12x^2 \cdot (5x^3 + 4x) + 4x^3 \cdot (15x^2 + 4)$$

Potenzregel, Quotientenregel und Summen/Differenzen:

$$f(x) = \frac{2x^3}{(x^4 + x)}$$

$$u = 2x^3 \qquad\qquad u' = 6x^2$$
$$v = x^4 + x \qquad\qquad v' = 4x^3 + 1$$
$$v^2 = (x^4 + x)^2$$

$$f'(x) = \frac{6x^2 \cdot (x^4 + x) - 2x^3 \cdot (4x^3 + 1)}{(x^4 + x)^2}$$

Es ist hilfreich, bei der Quotientenregel den Term im Nenner nicht aufzulösen, sondern als $(\dots)^2$ stehen zu lassen, da erneutes Ableiten im Nenner dann zu $(\dots)^4, (\dots)^6, (\dots)^8$ usw. führt. Häufig ist es (besonders beim Vorkommen von Exponentialfunktionen) zudem möglich, innerhalb des Bruchs zu kürzen, sofern der Nenner nicht „vereinfacht" wurde.

Potenzregel, Produktregel und Kettenregel mit e-Funktion:

$$f(x) = e^{3x^2+4} \cdot 2x^5 = e^{g(x)} \cdot 2x^5 \text{ mit } g(x) = 3x^2 + 4$$

$$u = e^{g(x)} \qquad\qquad u' = e^{g(x)} \cdot g'(x) = e^{3x^2+4} \cdot 6x$$
$$v = 2x^5 \qquad\qquad v' = 10x^4$$

$$f'(x) = \left(e^{3x^2+4} \cdot 6x\right) \cdot 2x^5 + e^{3x^2+4} \cdot 10x^4$$

$$= e^{3x^2+4} \cdot 6x \cdot 2x^5 + e^{3x^2+4} \cdot 10x^4$$
$$= e^{3x^2+4} \cdot 12x^6 + e^{3x^2+4} \cdot 10x^4$$
$$= e^{3x^2+4} \cdot (12x^6 + 10x^4)$$

Bei Produkt- und Quotientenregeln mit Exponentialfunktionen lässt sich der Teil $e^{g(x)}$ ausklammern. Dadurch würde bei erneutem Ableiten nur die Anwendung einer Produktregel notwendig sein, statt (ohne Ausklammern) zweier Produktregeln.

Quotientenregel und Kettenregel mit e-/ln-Funktion:

$$f(x) = \frac{\ln(4x^2)}{e^{x^2-3x}}$$

$$u = \ln(4x^2) \qquad u' = \frac{1}{4x^2} \cdot 8x = \frac{8x}{4x^2} = \frac{2}{x}$$

$$v = e^{x^2-3x} \qquad v' = e^{x^2-3x} \cdot (2x-3)$$

$$v^2 = \left(e^{x^2-3x}\right)^2$$

$$f'(x) = \frac{\frac{2}{x} \cdot e^{x^2-3x} - \ln(4x^2) \cdot e^{x^2-3x} \cdot (2x-3)}{\left(e^{x^2-3x}\right)^2}$$

$$= \frac{e^{x^2-3x} \cdot \left(\frac{2}{x} - \ln(4x^2) \cdot (2x-3)\right)}{\left(e^{x^2-3x}\right)^2}$$

$$= \frac{\frac{2}{x} - \ln(4x^2) \cdot (2x-3)}{e^{x^2-3x}}$$

An diesem Beispiel wurde noch einmal verdeutlicht, wieso es sich lohnt, die e-Funktion auszuklammern und den Nenner als $(...)^2$ stehen zu lassen. Hier konnte dadurch anschließend gekürzt werden.

7.3. Monotonieverhalten

Das Monotonieverhalten ist eine erste Anwendung der Ableitung und gibt an, ob die Funktion in einem Bereich steigt (auch: wächst) oder fällt. Steigung und Gefälle sind bekannt aus den Bergen (siehe Abb. 7.2): In allen Bereichen, in denen der Wanderer bergauf geht, ist die Funktion des Bergrückens monoton steigend. (In Abb. 7.2 die Bereiche

Monotonie

A und C.) Geht er hingegen bergab, ist die Funktion des Bergrückens monoton fallend (Bereich D).

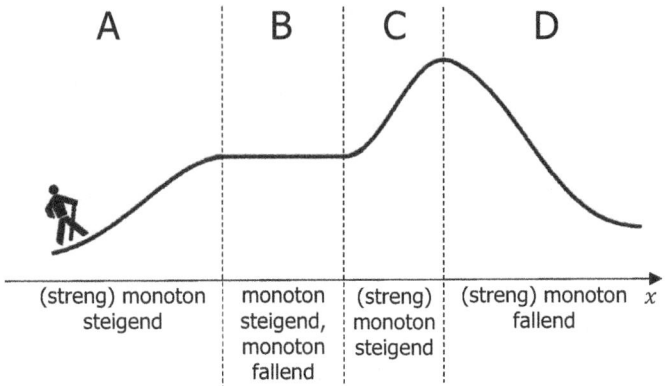

Abb. 7.2 Monotonie

Strenge Monotonie

Unterscheiden muss man dann noch zwischen strenger Monotonie und nichtstrenger Monotonie. Strenge Monotonie heißt, dass die Funktion wirklich steigt bzw. wirklich fällt (Abb. 7.2, Bereiche A, C, D). Um dies zu verdeutlichen, kann ein Plateau auf besagtem Berg betrachtet werden (Bereich B): Auf diesem Plateau beträgt die Steigung null (Prozent), aber auch das Gefälle beträgt null (Prozent). Die Funktion ist hier also sowohl monoton steigend als auch monoton fallend, sie ist aber nicht streng monoton steigend und auch nicht streng monoton fallend.

Da die Ableitung einer Funktion ihre Steigung darstellt und das Monotonieverhalten eine Frage der Steigung ist, kann die Ableitung zu seiner Untersuchung benutzt werden. Wenn die Ableitung für den untersuchten Bereich durchgehend größer null ist, ist die Funktion in diesem Bereich streng monoton steigend; ist sie durchgehend kleiner null, ist die Funktion streng monoton fallend. Ist die Steigung in einem Bereich gleich null, muss auf die Strenge verzichtet werden. Formal gesehen lässt sich das Monotonieverhalten demnach wie folgt zuordnen:

$f'(x) > 0 \rightarrow$ streng monoton steigend.
$f'(x) < 0 \rightarrow$ streng monoton fallend.
$f'(x) \geq 0 \rightarrow$ monoton steigend.

$f'(x) \leq 0 \rightarrow$ monoton fallend.

$f'(x) = 0 \rightarrow$ monoton steigend und monoton fallend.

Man bildet zur Untersuchung des Monotonieverhaltens also die erste Ableitung einer Funktion und überprüft, in welchen Intervallen diese positiv und in welchen sie negativ ist. Dazu stellt man eine Ungleichung auf, die sich ähnlich wie Gleichungen lösen lässt. Einziger Unterschied: Wird $\cdot(-a)$, $:(-a)$ gerechnet oder die negative Wurzel ($-\sqrt{...}$) gezogen, ändert sich die Richtung des Ungleichheitszeichens.

Möchte man z.B. wissen, in welchem Bereich die Funktion $f(x)$ streng monoton fallend ist, stellt man die Ungleichung wie folgt auf:

$f'(x) < 0$

Am Beispiel der Funktion $f(x) = -x^3 + 27x$ soll das Lösen dieser Ungleichung nun verdeutlicht werden:

$f'(x) = -3x^2 + 27$
$\rightarrow -3x^2 + 27 < 0 \qquad | -27$
$\Leftrightarrow -3x^2 < -27 \qquad |:-(3)$
$\Leftrightarrow x^2 > 9 \qquad |\pm\sqrt{...}$
$\Leftrightarrow x > 3 \quad$ und $\quad x < -3$

Die Funktion $f(x) = -x^3 + 27x$ ist also streng monoton fallend für $x < -3$ und für $x > 3$. Im Umkehrschluss ist sie streng monoton steigend für $-3 < x < 3$. Wenn auf die Strenge verzichtet wird, ist sie monoton fallend für $x \leq -3$ und für $x \geq 3$ bzw. monoton steigend für $-3 \leq x \leq 3$.

7.4. Konvexität und Konkavität

Die Konvexität bzw. Konkavität trifft Aussagen über die Krümmungsrichtung einer Funktion. Im Gegensatz zum im Querschnitt betrachteten Berg lässt sich die Konvexität/Konkavität am besten durch eine von oben betrachtete Straße erklären, die als Graph dargestellt werden kann (Abb. 7.3). Fährt ein Auto diese Straße entlang und lenkt nach rechts, ist die zugrunde liegende Funktion konkav (in Abb. 7.3 Bereich B und E). Lenkt der Fahrer nach links, ist die Funktion konvex (Bereich

Krümmungsverhalten
Konvexität
Konkavität

A, D und F). Wie bei der Monotonie gibt es auch hier eine Unterscheidung zwischen strenger und nichtstrenger Konvexität/Konkavität. Fährt der Fahrer also geradeaus, ist die Funktion konvex und konkav, aber nicht streng konvex und nicht streng konkav (Bereich C).

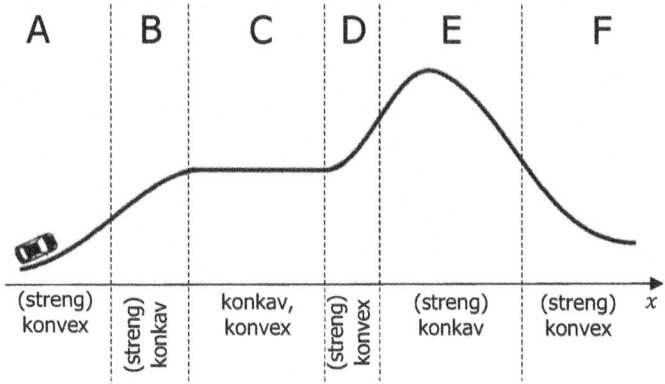

Abb. 7.3 Krümmungsverhalten

Betrachtet man die Funktion nun, erkennt man, dass bei Konvexität (Linkskurve) die Steigung des Graphen immer größer bzw. positiver wird (siehe Abb. 7.4). Das heißt, wenn die Steigung positiv ist, wird sie immer steiler; wenn die Steigung negativ ist, wird sie immer flacher, bis sie steigt. Die erste Ableitung kann zwar wertmäßig sowohl positiv als auch negativ sein, entscheidend ist aber, dass die erste Ableitung eine positive *Steigung* hat:

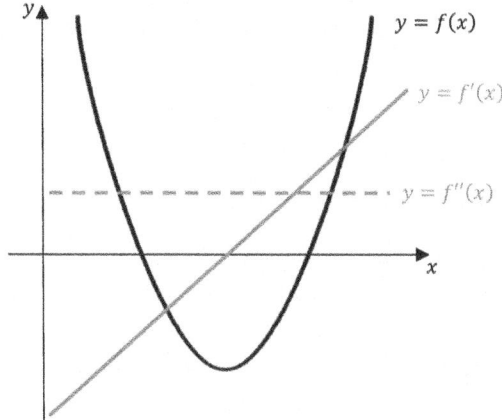

Abb. 7.4 Konvexität

7.4 Konvexität und Konkavität

Bei Konkavität (Rechtskurve) wird die Steigung hingegen immer kleiner bzw. negativer (siehe Abb. 7.5). Ist die Steigung des Graphen also positiv, wird der Graph immer flacher, bis er fällt. Ist die Steigung des Graphen negativ, wird der Graph immer steiler. Die erste Ableitung hat also eine negative Steigung:

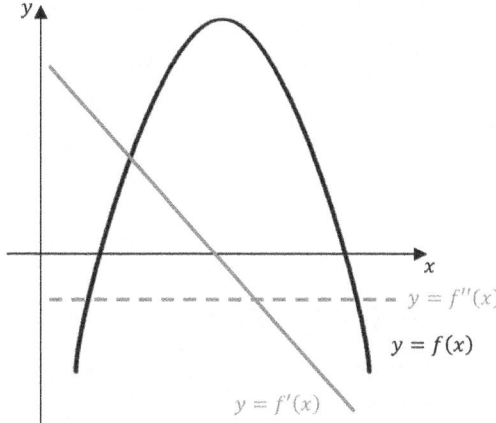

Abb. 7.5 Konkavität

Um also herauszufinden, ob eine Funktion konvex oder konkav ist, muss man wissen, ob die Steigung der ersten Ableitung positiv (Konvexität) oder negativ (Konkavität) ist. Da die Steigung der ersten Ableitung durch die zweite Ableitung beschrieben wird, kann die zweite Ableitung genutzt werden, um die Funktion auf Konvexität/Konkavität zu überprüfen. Formal bedeutet dies:

$f''(x) > 0 \rightarrow$ streng konvex
$f''(x) < 0 \rightarrow$ streng konkav
$f''(x) \geq 0 \rightarrow$ konvex
$f''(x) \leq 0 \rightarrow$ konkav
$f''(x) = 0 \rightarrow$ konvex und konkav

Das rechnerische Vorgehen zur Bestimmung der Krümmungsrichtung ist identisch zum Vorgehen der Bestimmung des Monotonieverhaltens, nur dass die zweite Ableitung anstelle der ersten genutzt wird.

Als Merkhilfe für Konvexität und Konkavität kann man (unter anderem) folgenden Spruch nutzen: „Konkav ist der Rücken vom Schaf, konvex ist der Bauch vom T-Rex" (siehe Abb. 7.6).

Abb. 7.6 Merkhilfe Krümmungsverhalten

7.5. Taylor-Approximation

Taylor-Approximation

Mithilfe der Taylor-Approximation (auch: Taylor-Reihe, Taylor-Entwicklung) lassen sich Funktionen in einem Bereich um eine bestimmte Stelle annähern und ausdrücken. Hilfreich ist dies bei komplexeren Funktionen. Das Ergebnis der Taylor-Approximation ist ein zusammengesetztes Polynom, welches meist einfacher zu handhaben ist als die Ursprungsfunktion. Je nachdem, wie viele Polynome man einführt, wird die Approximation dann genauer oder weniger genau.

Demnach wird darauf geachtet, dass die approximierte Funktion an der betrachteten Stelle möglichst genau der korrekten Funktion entspricht. Diese Stelle wird in Abb. 7.7 als a bezeichnet. Entfernt man sich von der Stelle a und betrachtet andere Stellen von x, so ist die approximierte Funktion nur noch eine Näherung. Abb. 7.7 verdeutlicht dies.

7.5 Taylor-Approximation

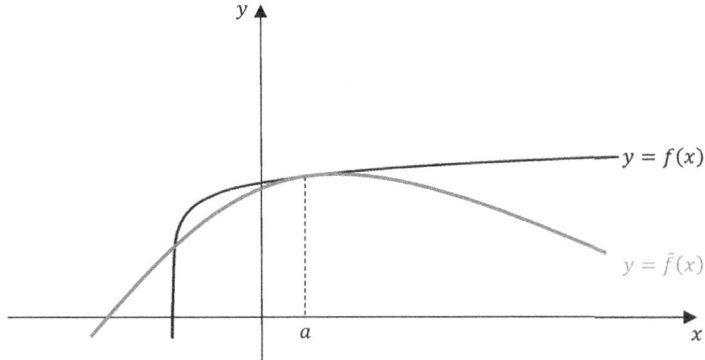

Abb. 7.7 Taylor-Approximation

Möchte man also die Funktion $f(x)$ von der Stelle a ausgehend approximieren, lautet die Formel für die Taylor-Approximation mit n-Polynomen:

$$\tilde{f}(x) \approx f(a) + \frac{f'(a)}{1!}(x-a)$$
$$+ \frac{f''(a)}{2!}(x-a)^2 + \cdots + \frac{f^{(n)}(a)}{n!}(x-a)^n$$

Soll also linear approximiert werden (die approximierte Funktion ist demnach eine Gerade), lautet die Formel:

$$\tilde{f}(x) \approx f(a) + \frac{f'(a)}{1!}(x-a)$$

Bei quadratischer Approximation (Parabel) lautet die Formel:

$$\tilde{f}(x) \approx f(a) + \frac{f'(a)}{1!}(x-a) + \frac{f''(a)}{2!}(x-a)^2$$

Bei kubischer Approximation (Polynom dritten Grades) demnach:

$$\tilde{f}(x) \approx f(a) + \frac{f'(a)}{1!}(x-a) + \frac{f''(a)}{2!}(x-a)^2 + \frac{f'''(a)}{3!}(x-a)^3$$

Und so weiter...

Das Vorgehen zur Bildung der Taylor-Approximation ist also, dass man zunächst die nötigen Ableitungen bildet. Anschließend setzt man die Stelle a in die Funktion und die Ableitungen ein und notiert sich die berechneten Werte. Setzt man dann die notierten Werte für $a, f(a), f'(a), f''(a)$ usw. in die Formel ein und löst weitestmöglich auf, erhält man die approximierte Funktion ausgehend von der gewünschten Stelle.

7.6. Elastizität

Elastizität

Die Elastizität einer Funktion an einem Punkt gibt an, wie stark der y-Wert in einem Punkt auf eine (kleine) Änderung des x-Wertes reagiert. In den Wirtschaftswissenschaften wird die Elastizität hauptsächlich genutzt, um die Änderung der Nachfrage in Abhängigkeit von Preisänderungen zu analysieren.

Die allgemeine Formel zur Berechnung der Elastizität einer Funktion lautet:

$$\varepsilon_{y,x} = \frac{df(x)/dx}{f(x)/x} = \frac{df(x)}{dx} \cdot \frac{x}{f(x)} = f'(x) \cdot \frac{x}{f(x)}$$

Soll die Elastizität der Funktion also allgemein bestimmt werden, multipliziert man deren Ableitung mit x und teilt das Ergebnis durch die eigentliche Funktionsgleichung. Man erhält dann einen – von x abhängigen – Ausdruck für die Elastizität der Funktion.

Bestimmt man hingegen die Elastizität in einem bestimmten Punkt $(x_0|y_0)$, setzt man den Wert von x_0 in die Ableitung ein und berechnet das Ergebnis. Auch im zweiten Teil der Formel setzt man für x den Wert von x_0 ein und teilt durch den zugehörigen y-Wert $y_0 = f(x_0)$:

$$\varepsilon_{y_0, x_0} = f'(x_0) \cdot \frac{x_0}{f(x_0)} = f'(x_0) \cdot \frac{x_0}{y_0}$$

Als Beispiel wird im Folgenden die Elastizität der Funktion $f(x) = x^2 - 12x + 39$ an den Stellen $x_1 = 2$ und $x_2 = 4$ berechnet:

Funktion: $\quad f(x) = x^2 - 12x + 39$
Ableitung: $\quad f'(x) = 2x - 12$

7.6 Elastizität

Allgemein: $\varepsilon_{y,x} = (2x - 12) \cdot \frac{x}{x^2 - 12x + 39}$

Bei $x_1 = 2$: $\varepsilon_{y,x} = (2 \cdot 2 - 12) \cdot \frac{2}{2^2 - 12 \cdot 2 + 39} = -\frac{16}{19}$

Bei $x_2 = 4$: $\varepsilon_{y,x} = (2 \cdot 4 - 12) \cdot \frac{4}{4^2 - 12 \cdot 4 + 39} = -\frac{16}{7}$

Die Elastizität ändert sich also im Verlauf des Graphen. Dies ist die sogenannte Punkteigenschaft der Elastizität.

Die Elastizität kann Werte im Intervall $(-\infty, \infty)$ annehmen, ist aber in den Wirtschaftswissenschaften häufig als Betrag definiert. Dabei lassen sich die einzelnen Ausprägungen bestimmten Ausdrücken zuordnen (siehe Abb. 7.8).

Elastisch, unelastisch

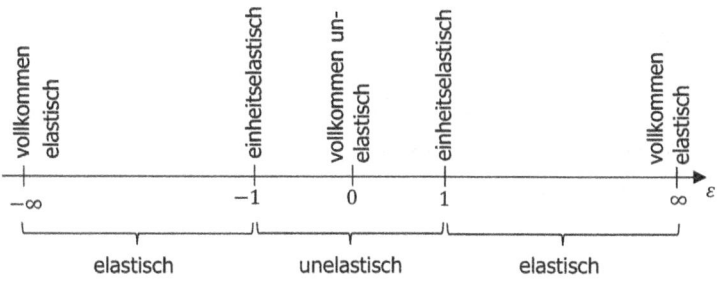

Abb. 7.8 Ausprägungen der Elastizität

Wendet man das Konzept der Elastizität in den Wirtschaftswissenschaften an, so geht es häufig um das Nachfrageverhalten von Kunden. Bei vollkommen unelastischer Nachfrage reagiert der Käufer überhaupt nicht auf eine Preisänderung. Güter, die einer solchen Elastizität zumindest nahe kommen, sind vor allem überlebenswichtige Produkte wie Medikamente zur Behandlung tödlicher Krankheiten. Der Produzent könnte diese unelastische Nachfrage ausnutzen und den Preis beliebig hoch ansetzen (sofern er keine Konkurrenz hat und mit den moralischen Folgen leben kann). Auch Suchtartikel wie Zigaretten haben eine (stark) unelastische Nachfrage, was vonseiten des Produzenten durch hohe Preise, aber auch vonseiten des Staates durch Steuern ausgenutzt werden könnte. Erhebt der Staat Steuern, wälzt der Produzent diese Steuerlast komplett auf den Nachfrager ab, da dieser dazu bereit ist, mehr zu zahlen.

Nachfrageelastizität

Dahingegen ändert sich die Nachfrage drastisch, wenn sie stark elastisch ist. Produkte mit einer solchen Elastizität sind z.B. gut substituierbare Produkte auf Märkten mit vielen Anbietern. Steigt der Preis des Produkts beim bisher favorisierten Anbieter, kauft der Nachfrager lieber bei einem anderen Produzenten, der noch den alten Preis bietet.

7.7. Stationäre Punkte: Extrempunkte

Extrempunkt

Neben dem Monotonie- und Krümmungsverhalten interessiert man sich in den Wirtschaftswissenschaften häufig auch für stationäre Punkte. Diese umfassen die Extrempunkte (also Hoch- und Tiefpunkte; dieser Abschnitt), Wendepunkte (Abschn. 7.8) und Sattelpunkte (Abschn. 7.9).

Lokal

Global

Ein lokaler Extrempunkt minimiert oder maximiert die Funktion in einem Intervall um diesen Punkt. Dahingegen minimiert bzw. maximiert ein globaler Extrempunkt die Funktion über *alle* Ausprägungen von x, also im gesamten Definitionsbereich (siehe Abb. 7.9).

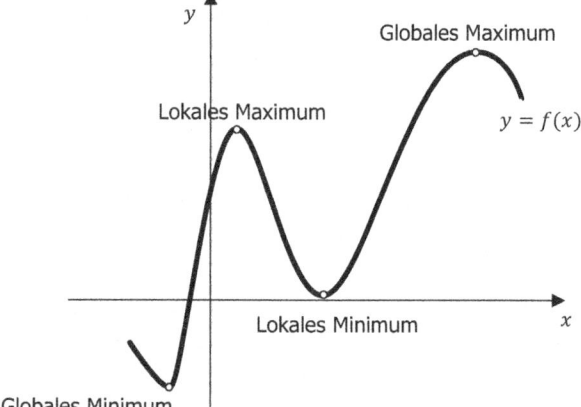

Abb. 9.9 Lokale und globale Extrempunkte

7.7 Stationäre Punkte: Extrempunkte

In einem lokalen Extrempunkt wechselt die Steigung ihr Vorzeichen (+ nach − oder − nach +), die Steigung beträgt im Extrempunkt also null (siehe Abb. 7.10).

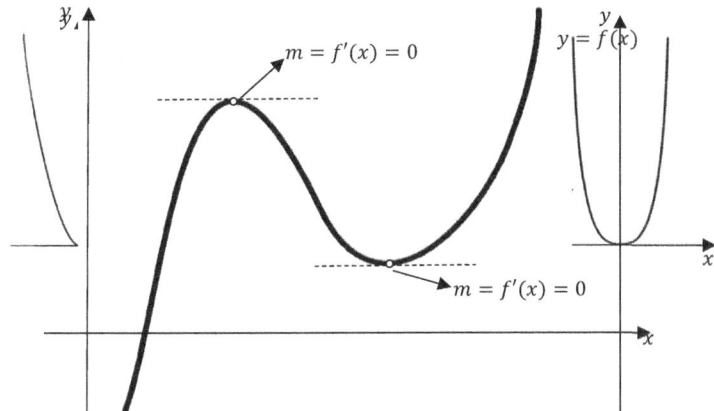

Abb. 7.10 Lokale Extrempunkte

Aus dieser Annahme folgt, dass die Ableitung der Funktion in einem Extrempunkt null sein muss. Diese Bedingung stellt die notwendige Bedingung eines Extrempunkts dar (auch: Bedingung erster Ordnung, BEO). Notwendig deshalb, weil bei Nichterfüllung kein Extrempunkt vorliegen *kann*. Darüber hinaus gibt es eine hinreichende Bedingung (auch: Bedingung zweiter Ordnung, BZO), mit der die Existenz des Extrempunktes bewiesen werden kann. Die BZO lautet:

Bedingungen Extrempunkt

$f'(x) = 0$ und $f''(x) \neq 0$

Ist die BZO erfüllt, liegt ein Extrempunkt vor. Andernfalls ist ohne weitere Überprüfung keine Aussage möglich, es könnte sich z.B. um einen Sattelpunkt handeln. Um dies zu klären, werden im Folgenden (siehe auch Abb. 7.11) die Funktionen $f(x) = x^2$, $g(x) = x^3$ und $h(x) = x^4$ betrachtet:

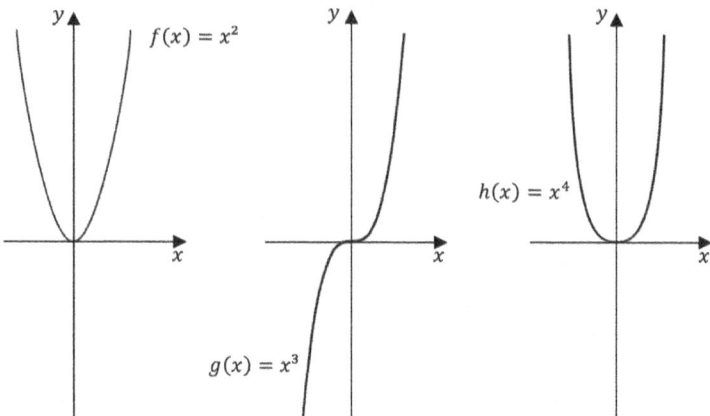

Abb. 7.11 Beispiele zur Bestimmung von Extrempunkten

Bei allen Funktionen ist die notwendige Bedingung für einen Extrempunkt an der Stelle $x = 0$ erfüllt:

$$f'(x) = 2x = 0 \rightarrow x = 0$$
$$g'(x) = 3x^2 = 0 \rightarrow x = 0$$
$$h'(x) = 4x^3 = 0 \rightarrow x = 0$$

Alle Funktionen *könnten* also an dieser Stelle einen lokalen Extrempunkt haben.

Die hinreichende Bedingung lautet, dass die zweite Ableitung an dieser Stelle $\neq 0$ sein muss:

$$f''(0) = 2$$
$$g''(0) = 6 \cdot 0 = 0$$
$$h''(0) = 12 \cdot 0^2 = 0$$

Für $f(x)$ ist die hinreichende Bedingung also erfüllt, hier liegt definitiv ein lokaler Extrempunkt vor.

Für $g(x)$ und $h(x)$ ist die hinreichende Bedingung jeweils nicht erfüllt. Während in der Grafik sichtbar wird, dass $g(x)$ an dieser Stelle keinen lokalen Extrempunkt (sondern einen Sattelpunkt) hat, hat die Funktion $h(x)$ an dieser Stelle einen lokalen Extrempunkt. Bei Nichterfüllung der hinreichenden Bedingung ist also keine eindeutige Aussage möglich. Die Überprüfung solcher Fälle wird in Abschn. 7.9 detailliert erklärt.

7.7 Stationäre Punkte: Extrempunkte

Zur Klassifizierung des Extrempunkts kann ebenfalls die zweite Ableitung genutzt werden. Bei der Funktion $f(x) = x^2$ ist die Steigung/erste Ableitung zunächst negativ, und nach dem lokalen Extrempunkt wird sie positiv (zur Erinnerung: Konvexität, Abschn. 7.4). Daraus folgt, dass die zweite Ableitung positiv ist, wenn die Funktion ein lokales Minimum hat.

Betrachtet man hingegen die Funktion $i(x) = -x^2$ (also die Normalparabel an der x-Achse gespiegelt), so hat diese ein lokales Maximum. Die Funktion hat erst eine positive Steigung, die immer geringer und nach dem Extrempunkt negativ wird (zur Erinnerung: Konkavität, Abschn. 7.4). Die zweite Ableitung ist demnach negativ.

Zusammenfassend ist die zweite Ableitung also im Falle eines lokalen Minimums positiv und im Falle eines lokalen Maximums negativ. (Häufig gemachter Fehler!)

Die Bedingungen für Extrempunkte lauten also:

Notwendige Bedingung: $\quad f'(x) = 0$
Hinreichende Bedingung: $\quad f'(x) = 0$ und $f''(x) \neq 0$

Die Klassifizierung lässt sich formal zusammenfassen als:

Lokales Maximum/Hochpunkt: $\quad f''(x) < 0$
Lokales Minimum/Tiefpunkt: $\quad f''(x) > 0$
Keine Aussage möglich: $\quad f''(x) = 0$

Die Koordinaten eines Extrempunktes werden häufig auch mit einem Stern gekennzeichnet, also als $P(x^*|y^*)$.

In Klausuren ist es wichtig, die Aufgabenstellung richtig zu interpretieren. Je nachdem, ob nach Extremstelle, Extremwert oder Extrempunkt gefragt wird, müssen verschiedene Merkmale angegeben werden. Die Extremstelle ist dabei auf der x-Achse zu suchen, der Extremwert auf der y-Achse. Der Extrempunkt ist die Kombination beider Achsen und wird als $P(x^*|y^*)$ angegeben. Liegt also bei dem Punkt $P(3|5)$ ein Extrempunkt vor, so ist die Extremstelle $x^* = 3$ und der Extremwert $y^* =$

Extremstelle
Extremwert
Extrempunkt

5. Bei der Berechnung des Extremwerts ist besondere Vorsicht geboten: Diesen berechnet man durch Einsetzen der Extremstelle in die Ausgangsfunktion $f(x)$! Das Ergebnis aus der hinreichenden Bedingung ist *nicht* der Extremwert. (Häufig gemachter Fehler!)

7.8. Stationäre Punkte: Wendepunkte

Wendepunkt

In einem Wendepunkt ändert sich die Krümmungsrichtung eines Graphen bzw. der Funktion von links nach rechts oder von rechts nach links. Die Funktion wechselt also im Wendepunkt zwischen Konvexität und Konkavität. Wie in Abschn. 7.4 beschrieben, ist die Funktion konkav, wenn die zweite Ableitung negativ ist, und konvex, wenn die zweite Ableitung positiv ist. In einem Wendepunkt wechselt die zweite Ableitung also von positiv zu negativ oder von negativ zu positiv, sie ist also im Punkt selbst gleich null.

Eine andere Herleitung der notwendigen Bedingung für einen Wendepunkt arbeitet mit der Stärke der Steigung. In einem Wendepunkt ist die Steigung bzw. das Gefälle einer Funktion am stärksten. (Tipp: Mit dem Geodreieck/Lineal den Graphen entlangfahren und so die Steigung als Tangente darstellen.)

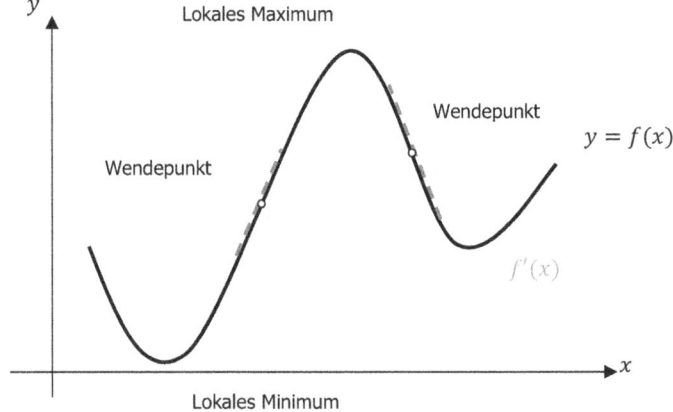

Abb. 7.12 Wendepunkte

Wie in **Fehler! Verweisquelle konnte nicht gefunden werden.**7.12 deutlich wird, wird die Steigung zwischen lokalem Minimum und dem ersten Wendepunkt immer stärker – der Graph immer steiler. Nach dem ersten Wendepunkt wird die Steigung wieder weniger steil, bis sie im lokalen Maximum wieder null beträgt. Die Steigung der Funktion (also $f'(x)$, nicht $f(x)$!) hat also ihr Maximum an der ersten Wendestelle der Funktion erreicht – die erste Ableitung hat an der ersten Wendestelle ein lokales Maximum.

Genauso verhält es sich rechts vom lokalen Maximum. Bis zur zweiten Wendestelle wird das Gefälle immer stärker (die Steigung immer negativer), anschließend nimmt das Gefälle wieder ab (die Steigung wird wieder positiver), bis die Steigung im lokalen Minimum wieder null beträgt. Die „Steigung" hat also im zweiten Wendepunkt ihr Minimum erreicht, die erste Ableitung hat in dieser Wendestelle ein lokales Minimum.

Aus beiden Ansätzen ergibt sich die notwendige Bedingung für die Existenz eines Wendepunkts. Beim Wechsel von Konvexität und Konkavität ändert sich in der Wendestelle das Vorzeichen der zweiten Ableitung, die zweite Ableitung ist also gleich null. Beim Betrachten der Stärke der Steigung hat die Ableitung der Funktion im Wendepunkt einen lokalen Extrempunkt, die zweite Ableitung ist an dieser Stelle also gleich null. Die notwendige Bedingung für das Vorliegen einer Wendestelle der Funktion $f(x)$ lautet demnach:

Bedingungen Wendepunkt

$$f''(x) = 0$$

Letztlich verschiebt sich die Bedingung für einen Wendepunkt also nur um eine Ableitung gegenüber den Bedingungen für einen Extrempunkt.

Wenn die notwendige Bedingung erfüllt ist, *kann* die Funktion an dieser Stelle einen Wendepunkt haben. Wie bei den Extrempunkten gibt es auch für Wendepunkte eine hinreichende Bedingung. Da die Extrempunkte der ersten Ableitung gesucht werden, verschiebt sich auch hier die Bedingung nur um eine Ableitung. Zusammenfassend lauten die Bedingungen also:

Notwendige Bedingung: $\quad f''(x) = 0$
Hinreichende Bedingung: $\quad f''(x) = 0$ und $f'''(x) \neq 0$

Auch Wendepunkte lassen sich klassifizieren. In der Praxis ist dies zwar nur selten gefragt, der Vollständigkeit halber sind die Kriterien aber auch hier wieder aufgelistet:

Links- zu Rechtskrümmung: $\quad f'''(x) < 0$
Rechts- zu Linkskrümmung: $\quad f'''(x) > 0$

Auch bei Wendepunkten gilt, dass zwischen Punkten und Stellen differenziert werden muss. Für den passenden y-Wert des Punktes muss man das berechnete x wieder in die Ausgangsfunktion einsetzen, nicht in eine der Ableitungen. (Auch hier: Häufig gemachter Fehler!)

7.9. Stationäre Punkte: Sattelpunkte

Sattelpunkt

Ein Sattelpunkt ist ein Wendepunkt mit einer Steigung von null (siehe Abb. 7.13). Die Bedingungen für das Vorliegen eines Sattelpunkts ergeben sich also durch Kombination der Bedingungen von Extrempunkten und Wendepunkten (Abschn. 7.7 und 7.8).

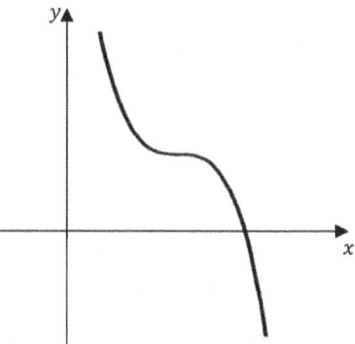

Abb. 7.13 Sattelpunkt10

Bedingungen Sattelpunkt

Beginnt man mit der „Steigung von null", ergibt sich bereits die Bedingung für die erste Ableitung, welche dann an dieser Stelle null sein muss. Im Hinblick auf die Eigenschaft eines Wendepunkts ergeben sich für einen Sattelpunkt auch die Bedingungen für die zweite und dritte Ableitung. Insgesamt liegt also ein Sattelpunkt vor, wenn:

7.9 Stationäre Punkte: Sattelpunkte

$f'(x) = 0, f''(x) = 0$ und $f'''(x) \neq 0$

Man setzt also die erste Ableitung gleich null und testet die resultierenden Werte mit der zweiten und dritten Ableitung. Sind alle Bedingungen erfüllt, liegt ein Sattelpunkt vor. Den dazugehörigen y-Wert erhält man über die Funktion $f(x)$ durch Einsetzen der berechneten Werte von x.

Das Problem an dieser Überprüfung ist, dass sie nicht alle Sattelpunkte abdeckt. Zur Verdeutlichung wird im Folgenden (siehe auch Abb. 7.14 und Abb. 7.15) die Funktion $f(x) = x^5$ betrachtet:

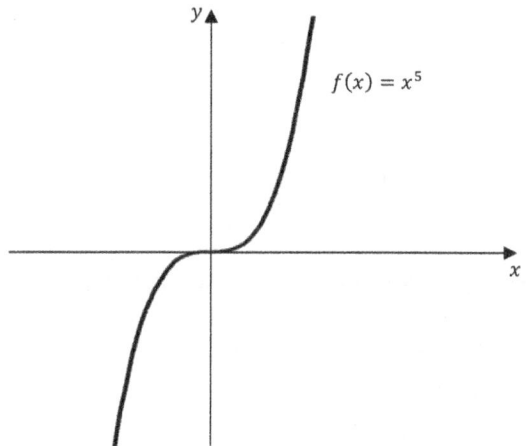

Abb. 7.14 Beispiel zur Bestimmung von Sattelpunkten I

Die Funktion $f(x)$ hat ihren Sattelpunkt bei:

$f'(x) = 5x^4 = 0 \rightarrow x = 0$

Setzt man diese Stelle nun in die zweite und dritte Ableitung ein, erhält man:

$f''(0) = 20 \cdot 0^3 = 0$ und $f'''(0) = 60 \cdot 0^2 = 0$

Laut den genannten Bedingungen liegt hier also kein Sattelpunkt vor, in Abb. 7.14 wird aber deutlich, dass an der Stelle $x = 0$ sehr wohl ein Sattelpunkt vorhanden ist. In diesem Fall lohnt sich die genauere Betrachtung der ersten und zweiten Ableitung:

Die erste Ableitung hat an der Stelle des Sattelpunkts ein lokales Extremum, das bei $f'(x) = y = 0$ liegen muss. Dies liegt daran, dass die Steigung der Funktion im Sattelpunkt null ist ($\rightarrow f'(x) = 0$), der Sattelpunkt aber auch gleichzeitig einen Wendepunkt darstellt ($\rightarrow$ lokales Extremum in der Ableitung):

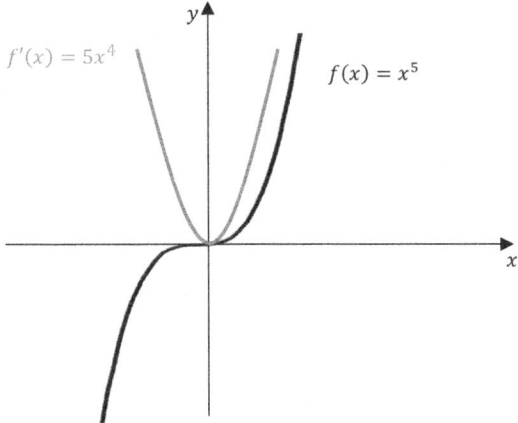

Abb. 7.15 Beispiel zur Bestimmung von Sattelpunkten II

Durch diese Gegebenheit ändert sich das Vorzeichen der ersten Ableitung nicht, dieses ist sowohl vor als auch nach dem Sattelpunkt positiv. Im Falle eines normalen lokalen Extremums wäre hier ein Vorzeichenwechsel gewesen (Abb. 7.4, Abb. 7.57.5); vor dem Tiefpunkt − und nach dem Tiefpunkt + bzw. vor dem Hochpunkt + und nach dem Hochpunkt −). Diesen fehlenden Vorzeichenwechsel kann man sich bei der Überprüfung eines Sattelpunktes zunutze machen. Dazu berechnet man die Funktionswerte links und rechts des vermuteten Sattelpunktes und überprüft diese auf einen (fehlenden) Vorzeichenwechsel:

	Links	Vermuteter Sattelpunkt	Rechts
x	−0,1	0	0,1
$f'(x) = 5x^4$	+0,0005	0	+0,0005

Im Beispiel liegt also kein Vorzeichenwechsel vor (beide +), daraus folgt, dass der berechnete stationäre Punkt ein Sattelpunkt ist.

7.10. Zusammenhänge zwischen Funktion und Ableitungen

Beim grafischen Ableiten werden aus Wendestellen Extrempunkte, aus Extrempunkten Nullstellen, aus Sattelpunkten Extrempunkte mit Nullstellen, aus positiven Steigungen positive Werte und aus negativen Steigungen negative Werte. Zunächst markiert man sich also im Koordinatensystem an den Stellen der Extrempunkte jeweils eine Nullstelle. Anschließend kennzeichnet man die ehemaligen Wendestellen als Hoch- bzw. Tiefpunkte (Rechts-Links-Kurve → Tiefpunkt, Links-Rechts-Kurve → Hochpunkt). Bei einem Sattelpunkt werden diese beiden Eigenschaften vereint, je nach Krümmungsrichtung ergibt sich ein Hoch- oder Tiefpunkt, der gleichzeitig eine Nullstelle darstellt. Im letzten Schritt betrachtet man die Steigung. Fällt der Graph der Funktion, befindet sich die Ableitung im negativen Bereich, steigt er an, befindet sich die Ableitung im positiven Bereich.

Grafisches Ableiten

Tabellarisch zusammengefasst bedeutet dies:

$f(x)$	$f'(x)$	$f''(x)$
Hoch-/Tiefpunkt	Nullstelle	
Wendepunkt	Hoch-/Tiefpunkt	Nullstelle
Sattelpunkt	Hoch-/Tiefpunkt und gleichzeitig Nullstelle	Nullstelle
Monoton steigend	Positiv	
Monoton fallend	Negativ	
Konvex	Monoton steigend	Positiv
Konkav	Monoton fallend	Negativ

Grafisch gesehen ergeben sich also die in Abb. 7.16 dargestellten Zusammenhänge.

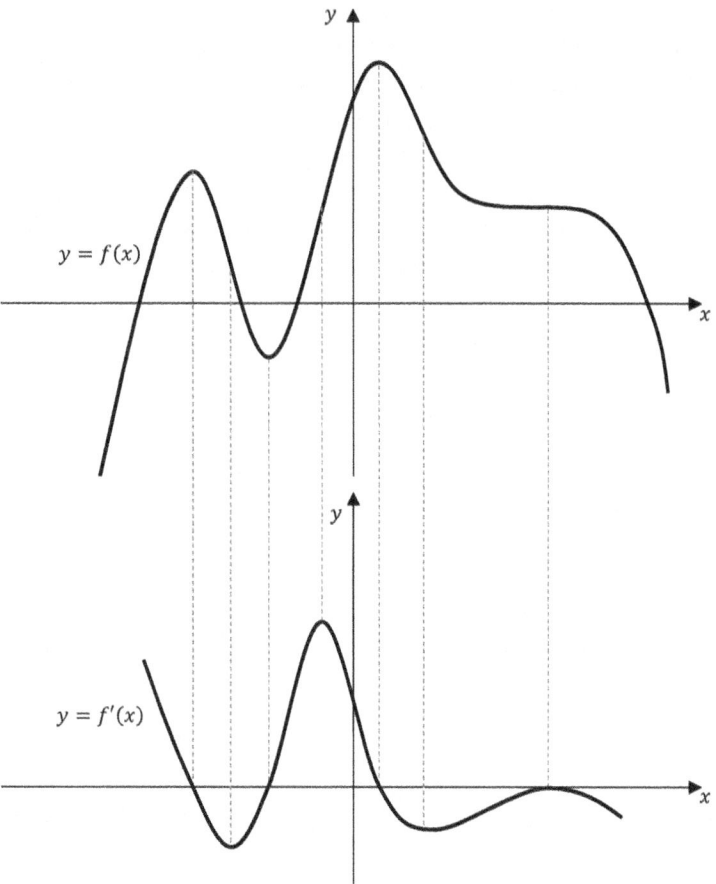

Abb. 7.16 Zusammenhang Funktion und Ableitung

8. Integralrechnung

8.1. Einführung

Die Integralrechnung ist die Umkehrung zur Differentialrechnung, statt einer Ableitung berechnet man eine Stammfunktion. Dabei wird die Vorgehensweise des Ableitens umgekehrt. Die Funktion $f(x)$ stellt also die Steigung bzw. die Ableitung der Stammfunktion $F(x)$ dar. Die Interpretation der Stammfunktion selbst wird in Abschn. 8.3 erläutert, zuvor wird die Berechnung der Stammfunktion geklärt.

Integralrechnung
Stammfunktion

Zu beachten ist, dass eine Funktion $f(x)$ nur eine Ableitung $f'(x)$, aber mehrere Stammfunktionen $F(x)$ hat. Dies liegt daran, dass die Stammfunktion eine beliebige Konstante enthalten kann. Beim Ableiten der Stammfunktion würde diese wegfallen, weshalb unendlich viele Stammfunktionen sich eine gemeinsame (normale) Funktion teilen. Der Stammfunktion wird daher allgemein ein $+c$ hinzugefügt, um das Problem der unbestimmten Konstante zu umgehen.

Formal schreibt man:

$$\int f(x)dx = F(x) + c,$$

wobei das dx angibt, nach welcher Variablen integriert werden soll. Dies ist im Falle zweidimensionaler Funktionen zwar irrelevant, sobald es mehrere erklärende Variablen gibt, ist es aber wichtig zu wissen, nach welcher Variablen integriert wird. Ein weiterer Vorteil ist, dass durch das dx eindeutig ist, an welcher Stelle eines Terms das Integral beendet ist.

8.2. Anleitung zum Integrieren

Wie beim Ableiten gibt es auch beim Integrieren diverse Regeln, die im Folgenden erläutert werden.

Potenzregel

Potenzregel

Die Potenzregel dient dem Integrieren einfacher Ausdrücke. Der Exponent wird dabei um 1 erhöht (Erinnerung: Beim Ableiten wird der Exponent um 1 verringert), der Parameter a vor dem x wird angepasst. Diese Anpassung kann man am besten verstehen, wenn man zunächst den Exponenten erhöht $(n + 1)$ und sich überlegt, was dieser für Auswirkungen beim Ableiten hätte: Der Parameter würde dann mit dem neuen Exponenten multipliziert werden $(a \cdot (n + 1))$. Man möchte aber nicht dieses Produkt erhalten, sondern lediglich den Parameter a. Daher wird beim Integrieren der Parameter durch den neuen Exponenten geteilt. Würde man diesen Ausdruck ableiten, würde sich das $(n + 1)$ mit dem $(n + 1)$ im Nenner wegkürzen.

Funktion: $\quad f(x) = ax^n$

Stammfunktion: $\quad F(x) = \int ax^n dx = \frac{a}{n+1} x^{n+1} + c$

Probe durch Ableiten: $\quad F'(x) = (n+1) \cdot \frac{a}{n+1} x^{n+1-1} = ax^n = f(x)$

Faktorregel

Faktorregel

Steht ein Faktor vor dem x, so kann dieser vor das Integral gezogen werden. Aufgrund des Kommutativgesetzes wird dieser hinterher wieder korrekt eingefügt. Statt der Potenzregel wie zuvor hätte man also auch rechnen können:

Funktion: $\quad f(x) = ax^n$

Stammfunktion: $\quad F(x) = \int ax^n dx = a \cdot \int x^n dx$

$$= a \cdot \frac{1}{n+1} x^{n+1} + c = \frac{a}{n+1} x^{n+1} + c$$

bzw. allgemein:

Funktion: $\quad f(x) = a \cdot g(x)$

Stammfunktion: $\quad F(x) = \int a \cdot g(x) dx = a \cdot \int g(x) dx$

8.2 Anleitung zum Integrieren

Ähnlich wie beim Ableiten kann man die Funktion auch beim Integrieren aufteilen, wenn eine Summe oder Differenz vorliegt. Die einzelnen Terme werden dann einzeln integriert und anschließend wieder zusammengesetzt:

Summenregel

Funktion: $\quad f(x) = g(x) \pm h(x)$
Stammfunktion: $\quad F(x) = \int g(x) \pm h(x) dx$
$\qquad\qquad\qquad\quad = \int g(x) dx \pm \int h(x) dx$

Logarithmusfunktion

Einen Sonderfall stellt die Funktion $f(x) = \frac{1}{x}$ dar. Wie bereits gelernt, ist dies die Ableitung der Logarithmusfunktion $g(x) = \ln(x)$. Da $f(x) = \frac{1}{x}$ aber auch im Negativen definiert ist, wird die Logarithmusfunktion (welche nur im Positiven definiert ist) erweitert zu $F(x) = \ln|x| + c$. Durch den Betrag haben Funktion und Stammfunktion denselben Definitionsbereich. Zusammenfassend sollte man sich also merken:

Logarithmusfunktion

Funktion: $\quad f(x) = \frac{1}{x}$
Stammfunktion: $\quad F(x) = \ln|x| + c$

Komplexere Funktionen

Sollten die vorliegenden Integrale nicht mittels dieser einfachen Regeln lösbar sein, gibt es noch zwei komplexere Verfahren, die im Folgenden vorgestellt werden: partielle Integration und Integration durch Substitution.

Partielle Integration

Liegt eine Funktion als Produkt vor, so leitet man diese mithilfe der Produktregel ab. Beim Integrieren nennt sich dies partielle Integration. Die partielle Integration folgt einer bestimmten Formel, die sich allgemein schreiben lässt als:

Partielle Integration

Funktion: $\quad f(x) = g'(x) h(x)$
Stammfunktion: $\quad F(x) = \int g'(x) h(x) dx$
$\qquad\qquad\qquad\quad = g(x) h(x) - \int g(x) h'(x) dx$

Kapitel 8 — Integralrechnung

Der eine Faktor ($g(x)$) wird also integriert (aus $g'(x)$ wird $g(x)$), der andere Faktor ($h(x)$) wird abgeleitet (aus $h(x)$ wird $h'(x)$). Welcher Faktor wie behandelt wird, ist nicht festgelegt. Ziel sollte es aber sein, dass das neue Integral leichter zu berechnen ist. Am besten leitet man also zunächst beide Faktoren ab und überlegt sich, welcher Teil das folgende Integral vereinfacht. Dieser Schritt wird im Folgenden verdeutlicht:

Funktion: $\qquad f(x) = x^3 \cdot \ln x$

Ableitungen: $\qquad x^3 \to 3x^2 \quad$ und $\quad \ln x \to \frac{1}{x}$

Stammfunktion: $\qquad x^3 \to \frac{1}{4}x^4 \quad$ und $\quad \ln x \to \ln x \cdot x - x$

Es ist also wesentlich leichter, den ersten Faktor (x^3) als zu integrierenden Faktor zu wählen (in der Formel: $g'(x)$), als den zweiten Faktor ($\ln x$), bei dem erneut ein $\ln x$ vorliegen würde. Der ($\ln x$)-Teil sollte deshalb als abzuleitender Faktor genutzt werden (in der Formel: $h(x)$). Diese Erkenntnisse können dann übersichtlich gesammelt werden:

$$g'(x) = x^3 \quad \text{und} \quad g(x) = \int x^3 dx = \frac{1}{4}x^4$$
$$h(x) = \ln x \quad \text{und} \quad h'(x) = \frac{1}{x}$$

Anschließend werden diese in die Formel für die partielle Integration eingesetzt, das Resultat stellt die Stammfunktion der Funktion $f(x) = x^3 \ln x$ dar:

$$F(x) = \frac{1}{4}x^4 \ln x - \int \frac{1}{4}x^4 \cdot \frac{1}{x} dx = \frac{1}{4}x^4 \ln x - \frac{1}{4}\int x^3 dx$$
$$= \frac{1}{4}x^4 \ln x - \frac{1}{4} \cdot \frac{1}{4}x^4 + c = \frac{1}{4}x^4 \left(\ln x - \frac{1}{4}\right) + c$$

Integration durch Substitution

Integration durch Substitution

Wenn beim Ableiten die Kettenregel angewendet wird, wird beim Integrieren die Integration durch Substitution genutzt. Bei dieser wird ein bestimmter Teil des zu integrierenden Terms substituiert, also durch einen Platzhalter ersetzt. Die Integration durch Substitution folgt dabei vier Schritten:

1. Vorbereitung:
   a. Substituieren ($z = ...$)
   b. Ableiten des substituierten Terms nach x ($\frac{dz}{dx} = ...$)
   c. Umstellen nach dx ($dx = ...$)
2. Substituieren im Integral
3. Integral lösen
4. Resubstituieren

Dieses Vorgehen soll anhand der Funktion $f(x) = e^{3x+4}$ vorgestellt werden. Die e-Funktion an sich wäre sehr einfach zu integrieren ($\int e^x dx = e^x$). Störend ist hier allerdings der Exponent von $3x + 4$, weshalb dieser substituiert werden soll.

1. Vorbereitung:
   a. Substituieren: $z = 3x + 4$
   b. Ableiten: $\frac{dz}{dx} = 3$
   c. Umstellen: $dx = \frac{dz}{3}$
2. Im Integral substituieren: $F(x) = \int e^{3x^2+4} dx = \int e^z \frac{dz}{3}$
3. Integral lösen: $\int e^z \frac{dz}{3} = \frac{1}{3} \cdot \int e^z dz = \frac{1}{3} e^z + c$
4. Resubstituieren: $= \frac{1}{3} e^{3x+4} + c = F(x)$

Die Integration durch Substitution ist auch dann hilfreich, wenn die Funktion gebrochenrational ist, also ein Bruch mit x im Nenner vorliegt. In diesem Fall wird der Nenner substituiert:

$$f(x) = \frac{1}{3x + 4}$$

1. Vorbereitung:
   a. Substituieren: $z = 3x + 4$
   b. Ableiten: $\frac{dz}{dx} = 3$
   c. Umstellen: $dx = \frac{dz}{3}$
2. Im Integral substituieren: $F(x) = \int \frac{1}{3x+4} dx = \int \frac{1}{z} \frac{dz}{3}$
3. Integral lösen: $\int \frac{1}{z} \frac{dz}{3} = \frac{1}{3} \cdot \int \frac{1}{z} dz = \frac{1}{3} \ln|z| + c$
4. Resubstituieren: $= \frac{1}{3} \ln|3x + 4| + c = F(x)$

8.3. Bestimmtes Integral

Wie zu Beginn des Kapitels angemerkt, beschreibt die Funktion die Ableitung bzw. Steigung der Stammfunktion. Da diese Interpretation recht sperrig und unpraktisch ist, wird nun die Stammfunktion selbst interpretiert: Die Stammfunktion gibt an, wie groß die Fläche zwischen Funktion und x-Achse ist. Genauer gesagt, kann man mit der Stammfunktion diese Fläche zwischen zwei x-Werten, also in einem Intervall, berechnen. Dabei gibt es eine untere (a) und eine obere (b) Grenze, die an das Integralzeichen geschrieben werden:

$$\int_a^b f(x)\, dx$$

Bestimmtes Integral
Unbestimmtes Integral

Dieser Ausdruck nennt sich dann bestimmtes Integral. Dahingegen ist das unbestimmte Integral die Gesamtheit aller Stammfunktionen, also:

$$\int f(x)dx = F(x) + c$$

Beim bestimmten Integral geht es also um die Berechnung von Flächen zwischen der Funktion und der x-Achse. Diese erhält man, wenn man die obere und untere Grenze des Intervalls in die Stammfunktion einsetzt und die Ergebnisse voneinander subtrahiert:

$$\int_a^b f(x)dx = [F(x)]_a^b = F(b) - F(a)$$

Hierbei ist es nicht nötig, der Stammfunktion ein $+c$ hinzuzufügen. Beim Einsetzen der oberen Grenze würde dieses addiert werden, nach Subtrahieren des Ergebnisses der unteren Grenze gleicht sich dieses aber zu $c - c = 0$ aus.

Grafisch gesehen, wurde mithilfe des bestimmten Integrals die Größe der schraffierten Fläche berechnet (siehe Abb. 8.1).

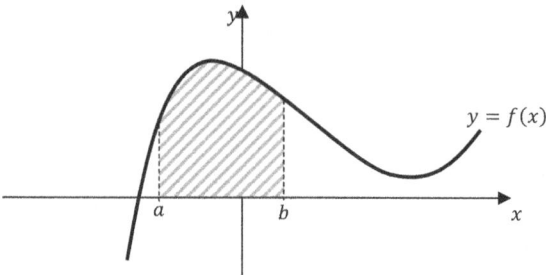

Abb. 8.1 Bestimmtes Integral

Bestimmtes Integral vs. Fläche

Während bisher die Ausdrücke „Bestimmtes Integral" und „Fläche" synonym behandelt wurden, sollen diese nun genauer voneinander differenziert werden. Der eigentliche Unterschied ist, dass das bestimmte Integral negative Werte annehmen kann, während eine Fläche immer positiv ist. (Häufig gemachter Fehler!) So ist das bestimmte Integral in der folgenden Grafik negativ, die Fläche ist aber positiv.

Fläche

Abb. 8.2 Bestimmtes Integral vs. Fläche

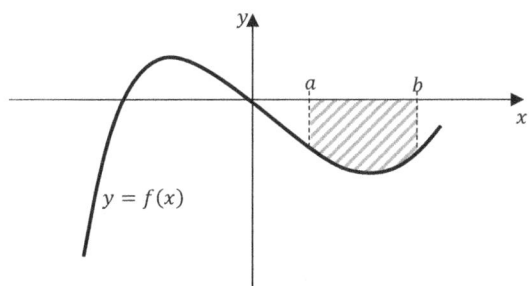

Aufgrund dieser unterschiedlichen Werte ist es wichtig, die Aufgabenstellung richtig zu lesen und zu bearbeiten. Falls die Aufgabe nach dem Wert des bestimmten Integrals fragt, ist diese ohne weitere Rücksichtnahme berechenbar. Falls nach der Fläche gefragt wird, ist eine Fallunterscheidung nötig. Drei Fälle sind dabei möglich:

1. Graph liegt im Intervall komplett oberhalb der x-Achse: Die Ergebnisse von Fläche und bestimmtem Integral sind gleich
   → Fläche = bestimmtes Integral.
2. Graph liegt im Intervall komplett unterhalb der x-Achse: Die Fläche ist so groß wie der Betrag des bestimmten Integrals →
   Fläche = |bestimmtes Integral|.
3. Der Graph liegt im Intervall oberhalb und unterhalb der x-Achse: Das Intervall muss aufgeteilt werden, zur Begrenzung der Teilintervalle dienen die Nullstellen. Anschließend kann abschnittsweise von unterer Intervallgrenze zur Nullstelle zur oberen Intervallgrenze integriert werden, wobei die einzelnen Integrale im Betrag betrachtet werden, um „negative Flächen"

in positive umzuwandeln (siehe auch Abb. 8.3):

$$\int_a^c f(x)dx = \left|\int_a^b f(x)dx\right| + \left|\int_b^c f(x)dx\right|$$

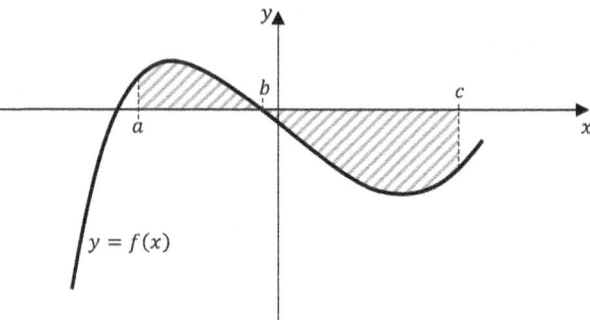

Abb. 8.3 Unterteilung in Intervalle I

Sind in einem Intervall mehrere Nullstellen vorhanden, wird das Integral noch weiter aufgeteilt (siehe auch Abb. 8.4):

$$\int_a^d f(x)dx = \left|\int_a^b f(x)dx\right| + \left|\int_b^c f(x)dx\right| + \left|\int_c^d f(x)dx\right|$$

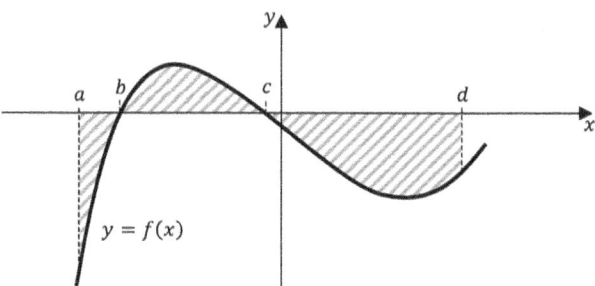

Abb. 8.4 Unterteilung in Intervalle II

Sonderfall: Uneigentliches Integral

Manchmal ist es von Interesse, den Flächeninhalt zwischen Funktion und x-Achse nicht nur in einem Intervall zu bestimmen, sondern über den kompletten Definitionsbereich oder zu einer Seite hin unbegrenzt zu betrachten. Eine oder beide Grenzen des bestimmten Integrals lautet dann $\pm\infty$. Man möchte also einen der folgenden drei Fälle lösen:

Uneigentliches Integral

$$\int_a^\infty f(x)dx, \quad \int_{-\infty}^b f(x)dx \quad \text{oder} \quad \int_{-\infty}^\infty f(x)dx$$

Diese Fälle löst man mittels eines Grenzwertes (Kap. 6):

$$\int_a^\infty f(x)dx = \lim_{b\to\infty} \int_a^b f(x)dx$$

$$\int_{-\infty}^b f(x)dx = \lim_{a\to-\infty} \int_a^b f(x)dx$$

$$\int_{-\infty}^\infty f(x)dx = \lim_{a\to-\infty} \lim_{b\to\infty} \int_a^b f(x)dx$$

Nach dem Umschreiben kann man das Integral allgemein berechnen (Stammfunktion aufstellen, a und b einsetzen, vereinfachen) und den Grenzwert bestimmen (Kap. 6).

Zur Verdeutlichung dieses Prinzips wird im Folgenden die Funktion $f(x) = e^x$ im negativen Bereich betrachtet (siehe auch Abb. 8.5):

$$\int_{-\infty}^0 e^x dx = \lim_{a\to-\infty} \int_a^0 e^x dx = \lim_{a\to-\infty} [e^x]_a^0 = \lim_{a\to-\infty}(e^0 - e^a)$$
$$= \lim_{a\to-\infty}(1 - e^a) = 1 - 0 = 1$$

Der Flächeninhalt zwischen e-Funktion und x-Achse beträgt also im negativen x-Achsenbereich 1:

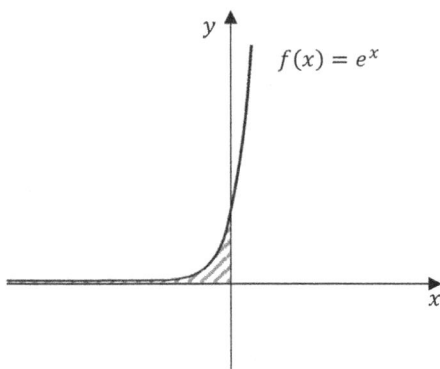

Abb. 8.5 Beispiel uneigentliches Integral

8.4. Zusammenhänge

Wie bereits beim Thema Ableitungen (Abschn. 7.10) gibt es auch zwischen Stammfunktion, Funktion und Ableitungen Zusammenhänge. Da die Funktion selbst die Ableitung der Stammfunktion ist, verschieben sich die jeweiligen Kriterien nur um ein Level nach oben. Die folgende Tabelle verdeutlicht dies:

$F(x)$	$f(x)$	$f'(x)$	$f''(x)$
	Wendepunkt	Hoch-/Tiefpunkt	Nullstelle
	Sattelpunkt	Hoch-/Tiefpunkt und gleichzeitig Nullstelle	Nullstelle
Wendepunkt	Hoch-/Tiefpunkt	Nullstelle	
Sattelpunkt	Hoch-/Tiefpunkt und gleichzeitig Nullstelle	Nullstelle	

8.4 Zusammenhänge

Hoch-/Tief-punkt	Nullstelle		
Nullstelle			
Konvex	Positive Steigung	Positiv	
Konkav	Negative Steigung	Negativ	
	Konvex	Positive Steigung	Positiv
	Konkav	Negative Steigung	Negativ

9. Mehrdimensionale Funktionen

9.1. Einführung

Bisher wurden y-Werte in Abhängigkeit von einer Variablen betrachtet ($f(x) = y$). Diese Beschränkung auf den zweidimensionalen Raum wird nun aufgelöst, die zu erklärende Variable (y) ist abhängig von mehreren erklärenden Variablen ($x_1, x_2, ..., x_n$). Die Funktion wird dann geschrieben als:

Mehrdimensionale Funktionen

$$y = f(x_1, x_2, ..., x_n)$$

Der wichtigste mehrdimensionale Raum ist der dreidimensionale Raum, da der Mensch in diesem lebt und ihn sich somit vorstellen kann. Anstelle der Variablen y, x_1, x_2 wird dann häufig x, y, z genutzt, wobei z die zu erklärende Variable ist:

$$z = f(x, y) \text{ oder auch } x_3 = f(x_1, x_2)$$

Im Koordinatensystem würde eine dreidimensionale Funktion beispielsweise wie in Abb. 9.1 aussehen:

3-D-Koordinatensystem

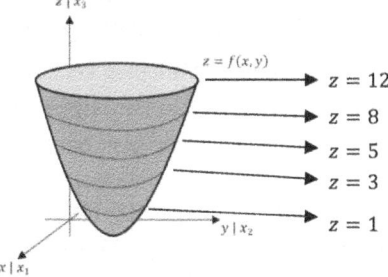

Abb. 9.1 Dreidimensionale Funktion

Die zu erklärende Variable ist also erneut auf der senkrechten Achse, während die unabhängigen Variablen in der waagerechten Ebene liegen.

Höhenlinien

Diese dreidimensionalen Funktionen können vereinfacht von oben aus gesehen dargestellt werden. Durch diesen Schritt gehen Kenntnisse über die Werte von z verloren, weshalb diese Informationen in Form von Höhenlinien eingetragen werden (siehe Abb. 9.2).

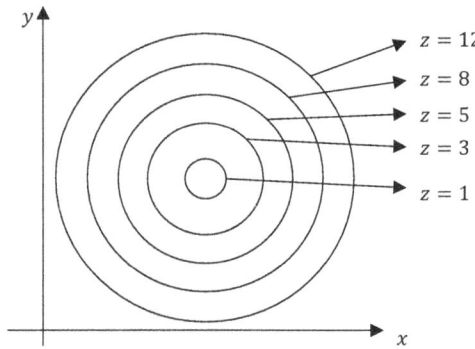

Abb. 9.2 Höhenlinien

Höhenlinien bestehen aus allen Punkten, die den entsprechenden Funktionswert (z) haben. Somit gibt es jede Höhenlinie nur einmal. Höhenlinien können sich nicht schneiden, da in diesem Schnittpunkt nicht zwei verschiedene Höhen erreicht werden können.

9.2. Partielle Ableitungen

Wie 2-D-Funktionen haben auch mehrdimensionale Funktionen Steigungen, die durch Ableitungen beschrieben werden können. Dabei betrachtet man einzelne Ableitungen in Abhängigkeit von nur einer Variablen und hält hier die anderen Variablen konstant (beim Ableiten behandelt man Letztere wie konstante Parameter). Diese jeweiligen Ableitungen nach einer Variablen nennt man dann partielle Ableitungen.

Partielle Ableitung

Um das *Konstant-Halten* der restlichen Variablen zu verdeutlichen, kann man sich den 3-D-Graphen im Längsschnitt aus Perspektive der x- oder y-Achse vorstellen. Soll die partielle Ableitung nach x gebildet werden, stellt man sich also auf die x-Achse und betrachtet den Graphen. Dazu wird y auf einen bestimmten Wert festgehalten, beispielsweise $y = 5$ (siehe Abb. 9.3). Durch diesen Schritt wird aus einer dreidimensionalen Funktion eine zweidimensionale, und man kann wie gewohnt ableiten.

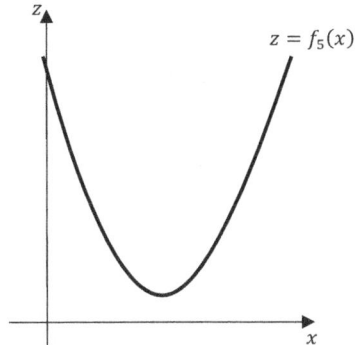

Abb. 9.3 Dreidimensionale Funktion mit $y = 5$

Da y aber nicht immer auf 5 festgehalten wird, sondern variabel ist, wird y beim Ableiten wie eine Zahl bzw. wie ein Parameter (a) behandelt. Statt

$$f(x, y) = 3yx^4$$

könnte man also auch schreiben:

$$f(x) = 3ax^4,$$

wie gewohnt ableiten:

$$f_x(x) = 12ax^3$$

und anschließend resubsitutieren:

$$f_x(x, y) = 12yx^3$$

Identisch zu der partiellen Ableitung nach x wird bei der partiellen Ableitung nach y ebenfalls die andere erklärende Variable konstant gehalten, also wie ein Parameter behandelt:

$$f(x,y) = 3yx^4 \to f_x(x,y) = 3x^4$$

Zur Unterscheidung dieser partiellen Ableitungen gibt es verschiedene Möglichkeiten. So kann man die erste partielle Ableitung nach x beispielsweise schreiben als:

$$\frac{\partial f(x,y)}{\partial x} = f_1(x,y) = f_x(x,y)$$

Und analog die erste partielle Ableitung nach y als:

$$\frac{\partial f(x,y)}{\partial y} = f_2(x,y) = f_y(x,y)$$

Diese Schreibweisen und Regeln zum Ableiten funktionieren im beliebig dimensionalen Raum, es werden jeweils alle anderen erklärenden Variablen konstant gehalten. Nach welcher Variablen abgeleitet werden soll, erkennt man am ∂x_i im Nenner des Bruchs:

$$\frac{\partial f(x_1, \ldots, x_i, \ldots, x_n)}{\partial x_i} = f_i(x_1, \ldots, x_i, \ldots, x_n)$$

Gradient

Sammelt man alle ersten partiellen Ableitungen in einem Vektor (untereinander aufschreiben), so nennt man diesen Vektor Gradient:

$$\nabla f(x_1, x_2, \ldots, x_n) = \begin{pmatrix} f_{x_1}(x_1, x_2, \ldots, x_n) \\ f_{x_2}(x_1, x_2, \ldots, x_n) \\ \ldots \\ f_{x_n}(x_1, x_2, \ldots, x_n) \end{pmatrix}$$

Partielle Ableitung zweiter Ordnung

Wie bei zweidimensionalen Funktionen können auch mehrdimensionale Funktionen mehrfach abgeleitet werden. Die Vorgehensweise ist dabei dieselbe wie bei der partiellen Ableitung erster Ordnung. Die partielle Ableitung zweiter Ordnung lässt sich formal schreiben als:

$$\frac{\partial^2 f(x,y)}{\partial^2 x} = \frac{\partial}{\partial x}\left(\frac{\partial f(x,y)}{\partial x}\right) = f_{xx}$$

Wobei in diesem Fall zweimal nach x abgeleitet wurde. Leitet man die Funktion zweimal nach y ab, ändert sich die Schreibweise entsprechend zu:

9.2 Partielle Ableitungen

$$\frac{\partial^2 f(x,y)}{\partial^2 y} = \frac{\partial}{\partial y}\left(\frac{\partial f(x,y)}{\partial y}\right) = f_{yy}$$

Wird zunächst nach x und anschließend nach y abgeleitet, schreibt man:

$$\frac{\partial^2 f(x,y)}{\partial x \partial y} = \frac{\partial}{\partial x}\left(\frac{\partial f(x,y)}{\partial y}\right) = f_{xy}$$

Die Schreibweise für die partielle Ableitung zweiter Ordnung, bei der zunächst nach y und dann nach x abgeleitet wird, verläuft entsprechend analog. Hierzu sei gesagt, dass diese beiden „gemischten Ableitungen" immer identisch sind, also:

$$\frac{\partial^2 f(x,y)}{\partial x \partial y} = \frac{\partial^2 f(x,y)}{\partial y \partial x} \quad \text{bzw.} \quad f_{xy} = f_{yx}$$

Damit diese Gleichheit gilt, muss die Funktion stetig und differenzierbar sein (Satz von Schwarz).

Sammelt man die partiellen Ableitungen zweiter Ordnung übersichtlich, so entsteht eine Matrix (Tabelle), die Hesse-Matrix genannt wird. Bei zwei erklärenden Variablen lässt sich diese schreiben als:

Hesse-Matrix

$$H(x,y) = \begin{pmatrix} f_{xx} & f_{xy} \\ f_{yx} & f_{yy} \end{pmatrix}$$

Entsprechend funktioniert die Schreibweise bei drei erklärenden Variablen:

$$H(x,y,z) = \begin{pmatrix} f_{xx} & f_{xy} & f_{xz} \\ f_{yx} & f_{yy} & f_{yz} \\ f_{zx} & f_{zy} & f_{zz} \end{pmatrix}$$

bzw. allgemein für n erklärende Variablen:

$$H(x_1, x_2, \ldots, x_n) = \begin{pmatrix} f_{11} & f_{12} & \cdots & f_{1n} \\ f_{21} & f_{22} & \cdots & f_{2n} \\ \vdots & \vdots & \ddots & \vdots \\ f_{n1} & f_{n2} & \cdots & f_{nn} \end{pmatrix}$$

Durch die Tatsache, dass die Reihenfolge des Ableitens egal ist ($f_{xy} = f_{yx}$), ist die Hesse-Matrix immer symmetrisch. Das heißt, dass die Ausdrücke jeweils an der Diagonalen ($f_{11}, f_{22}, \ldots, f_{nn}$) gespiegelt werden können ($f_{12} = f_{21}, f_{1n} = f_{n1}, \ldots$).

9.3. Partielles Differential

Partielles Differential

Das partielle Differential gibt an, wie sich der Funktionswert näherungsweise bezüglich der Änderung einer Variablen an einer bestimmten Stelle ändert (alle anderen Variablen sind konstant). Dazu wird die Steigung der Funktion genutzt und mit der Veränderung der Variablen multipliziert. Das Ergebnis ist dann die genäherte Änderung der zu erklärenden Variable (siehe Abb. 9.4). Es wird also angenommen, dass die Steigung der Funktion über diese Veränderung konstant ist:

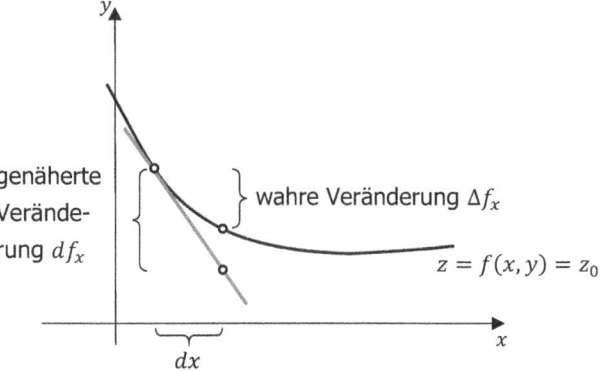

Abb. 9.4 Partielles Differential

Formal gesehen ist das partielle Differential also die Ableitung multipliziert mit der Veränderung der entsprechenden erklärenden Variable:

$$df_{x_i} = \frac{\partial f}{\partial x_i} dx_i$$

9.4. Totales Differential

Das totale Differential ist die Summe aller partiellen Differentiale und gibt so näherungsweise die Änderung einer Funktion bezüglich ihrer Variablen an. Statt wie beim partiellen Differential (Abschn. 9.3) werden also keine Variablen konstant gehalten, sondern alle um einen bestimmten kleinen Wert geändert. Formal zeigt sich dies in einem Summenzeichen:

Totales Differential

$$df = \sum_{i=1}^{n} df_{x_i}$$

Es werden also alle partiellen Differentiale aufaddiert, um das totale Differential zu erhalten.

9.5. Grenzrate der Substitution

Die Grenzrate der Substitution (GRS) gibt an, um welchen Betrag man y vermindern und x erhöhen muss, um immer noch auf derselben Höhenlinie zu bleiben. In den Wirtschaftswissenschaften wird die GRS häufig genutzt, um das Austauschverhältnis zweier Güter x und y zu bestimmen. Das Austauschverhältnis gibt an, in welchem Verhältnis der Konsument bereit ist, die Güter zu tauschen, ohne seinen Nutzen zu verändern.

Grenzrate der Substitution

Austauschverhältnis

Grafisch gesehen ist die GRS die (negative) Steigung einer Höhenlinie (siehe Abb. 9.5).

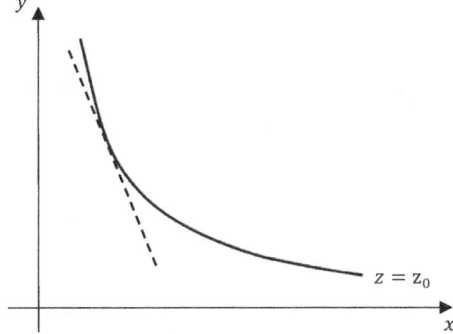

Abb. 9.5 GRS

Kapitel 9 — Mehrdimensionale Funktionen

Rechnerisch erhält man die GRS, indem man die partielle Ableitung nach der einen Variablen durch die partielle Ableitung nach der anderen Variablen teilt:

Von y bezüglich x: $\qquad R_{yx} = \dfrac{f_x(x,y)}{f_y(x,y)}$

Das Ergebnis der GRS lässt sich dann interpretieren als Austauschverhältnis in einem bestimmten Güterbündel. Eine GRS von $\frac{1}{3}$ bedeutet, dass der Konsument von seinem jetzigen Güterbündel $\frac{1}{3}$ Einheiten von y aufgibt, wenn er eine von x erhält.

Am Beispiel der Nutzenfunktion $f(x,y) = x^{0,4} \cdot y^{0,6}$ im Ausgangsbündel (5,10) soll die Funktionsweise der GRS nun verdeutlicht werden:

In diesem Ausgangsbündel hat der Konsument einen Nutzen von $f(5,10) = 5^{0,4} \cdot 10^{0,6} \approx 7{,}579$. Der Konsument soll nun weitere Einheiten von Gut x erhalten und dafür Einheiten von Gut y abgeben, sodass sein Nutzenniveau (7,579) konstant bleibt. Allgemein lautet die GRS:

$$R_{yx} = \frac{0{,}4 x^{-0{,}6} \cdot y^{0{,}6}}{0{,}6 x^{0{,}4} \cdot y^{-0{,}4}} = \frac{2y}{3x}$$

bzw. im gegebenen Punkt:

$$R_{yx} = \frac{2 \cdot 10}{3 \cdot 5} = \frac{20}{15} = \frac{4}{3}$$

Gibt man dem Konsumenten also eine zusätzliche Einheit von x, würde er freiwillig $\frac{4}{3}$ Einheiten von y abgeben und seinen Nutzen konstant halten. Alternativ kann man sagen, dass der Konsument bereit ist, vier Einheiten von Gut y gegen drei Einheiten von Gut x zu tauschen (das Tauschverhältnis ist also 3:4). Da die GRS nur eine Näherung ist, wird diese aber für größere Zunahmen von x immer ungenauer:

Ausgangsbündel:	$f(5,10) = 7{,}579$
0,003 zusätzliche Einheiten:	$f(5{,}003, 9{,}996) = 7{,}579$
0,03 zusätzliche Einheiten:	$f(5{,}03, 9{,}96) = 7{,}578$
0,3 zusätzliche Einheiten:	$f(5{,}3, 9{,}6) = 7{,}570$
3 zusätzliche Einheiten:	$f(8,6) = 6{,}732$

Das liegt daran, dass die Tangente der GRS die Nutzenfunktion lediglich im Ausgangspunkt berührt. Die veränderten Bündel liegen dann alle auf dieser Tangente, nicht auf der Nutzenfunktion selbst (siehe Abb. 9.6).

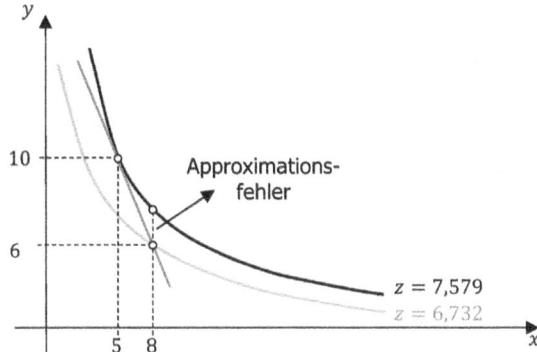

Abb. 9.6 Beispiel GRS

9.6. Partielle Elastizität

Wie bei der zweidimensionalen Elastizität (Abschn. 7.6) geht es auch bei der partiellen Elastizität im mehrdimensionalen Raum um die Veränderung der abhängigen Variable bei kleiner Änderung *einer* unabhängigen Variablen.

Partielle Elastizität

Im zweidimensionalen Fall lautet die Formel zur Berechnung der Elastizität:

$$\varepsilon_{y,x} = \frac{dy/dx}{y/x} = \frac{df(x)}{dx} \cdot \frac{x}{f(x)}$$

Allgemein ändert sich die Formel im mehrdimensionalen Fall dann zu:

$$\varepsilon_{f,x_i} = \frac{\partial f(x_1, \ldots x_i, \ldots, x_n)}{\partial x_i} \cdot \frac{x_i}{f(x_1, \ldots, x_i, \ldots, x_n)}$$

Die Interpretation der Elastizität und die Klassifizierung (elastisch/unelastisch) ändert sich gegenüber dem zweidimensionalen Fall nicht.

9.7. Homogenität

Skalenerträge

Skalenerträge

Die Homogenität ist ein Hilfsmittel zur Klassifizierung von Skalenerträgen der Produktion in einem Unternehmen. Skalenerträge geben an, um wie viel sich das Produktionsoutput erhöht, wenn das Produktionsinput um einen bestimmten Faktor erhöht wird. Als Beispiel wird eine Firma angenommen, die mithilfe von Kapital (K) und Arbeit (L) ein Produkt als Output (Y) erzeugt. Der Unternehmer möchte wissen, welche Skalenerträge vorliegen, um anschließend gegebenenfalls Konsequenzen ziehen zu können. Die bisherige Produktionsfunktion des Unternehmers lautet:

$$Y(K, L) = K^2 + L^2$$

Dabei würden konstante Skalenerträge bedeuten, dass alle Inputfaktoren um $z\,\%$ erhöht werden und so eine Steigerung des Outputs um $z\,\%$ erreicht wird. In diesem Fall ist die Produktionsfunktion des Unternehmens linear homogen vom Grad $k = 1$.

Produziert das Unternehmen unter steigenden Skalenerträgen, werden die Inputfaktoren um $z\,\%$ erhöht, das erreichbare Output steigt hingegen um mehr als $z\,\%$. Die Funktion ist überlinear homogen vom Grad $k > 1$.

Dahingegen steigt das Produktionsoutput bei sinkenden Skalenerträgen um weniger als $z\,\%$, wenn die Inputfaktoren um $z\,\%$ erhöht werden. Die Produktionsfunktion ist dann unterlinear homogen vom Grad $k < 1$.

Lassen sich keine Skalenerträge dieser Art feststellen, ist die Produktionsfunktion inhomogen.

Bei der Frage nach der Homogenität bzw. nach den Skalenerträgen gilt es also zu berechnen, um wie viel das Output steigt, wenn das Input um ein bestimmtes Verhältnis verändert wird (z.B. verdoppelt wird). Allgemein werden alle Inputfaktoren um das λ-Fache erhöht ($\lambda > 0$). Am Beispiel des vorherigen Unternehmers ändert sich die Produktionsfunktion also zu:

$$Y(K,L) = K^2 + L^2 \rightarrow Y(\lambda K, \lambda L) = (\lambda K)^2 + (\lambda L)^2$$

Im nächsten Schritt wird die neue Produktionsfunktion dann weitestgehend vereinfacht:

$$Y(\lambda K, \lambda L) = (\lambda K)^2 + (\lambda L)^2 = \lambda^2 K^2 + \lambda^2 L^2 = \lambda^2 \cdot (K^2 + L^2)$$
$$= \lambda^2 \cdot Y(K,L)$$

In diesem Fall konnte das Produktionsoutput Y durch eine λ-fache Erhöhung des Inputs um das λ^2-Fache erhöht werden. Würde der Unternehmer also das 10-Fache seiner Inputs nutzen (100 € statt 10 € Kapital und 20 statt zwei Mitarbeiter), könnte er den Output um das $10^2 = 100$-Fache steigern:

Vor Änderung: $\quad Y(10,2) = 10^2 + 2^2 = 104$
Nach Änderung: $\quad Y(100,20) = 100^2 + 20^2 = 10400$

Der Unternehmer produziert also unter steigenden Skalenerträgen.

Die Art der Skalenerträge lässt sich daher durch den Grad der Homogenität klassifizieren: Falls gilt

$$Y(\lambda x_1, \dots, \lambda x_i, \dots, \lambda x_n) = \lambda^k \cdot Y(x_1, \dots, x_i, \dots x_n),$$

so ist die Funktion homogen vom Grad k. Für $k = 1$ handelt es sich um konstante Skalenerträge, für $k < 1$ produziert das Unternehmen unter sinkenden Skalenerträgen, und bei $k > 1$ liegen steigende Skalenerträge vor.

Allgemeine Berechnung des Homogenitätsgrads

Allgemein lässt sich das Vorgehen zum Bestimmen des Homogenitätsgrads auf vier Schritte reduzieren:

Homogenitätsgrad

Anleitung	Beispiel
	$Y(x_1, x_2, x_3) = x_1^5 + x_2^3 \cdot x_3^2$
1. Vor jeden Inputfaktor $(x_1, \dots, x_i, \dots, x_n)$ in Klammern	$Y(\lambda x_1, \lambda x_2, \lambda x_3) =$ $(\lambda x_1)^5 + (\lambda x_2)^3 \cdot (\lambda x_3)^2$

Kapitel 9 Mehrdimensionale Funktionen

ein λ setzen. (Häufig gemachter Fehler!)	
2. Klammern auflösen (nötiges Potenzgesetz: $(ab)^m = a^m b^m$)	$= \lambda^5 x_1^5 + \lambda^3 x_2^3 \cdot \lambda^2 x_3^2$
3. Die λ's in den einzelnen Summanden der Funktion zusammenfassen und λ^k ausklammern (nötiges Potenzgesetz: $a^m \cdot a^n = a^{m+n}$)	$= \lambda^5 x_1^5 + \lambda^5 x_2^3 \cdot x_3^2$ $= \lambda^5 (x_1^5 + x_2^3 \cdot x_3^2)$
4. Ergebnis: $Y(\lambda x_1, \ldots, \lambda x_i, \ldots, \lambda x_n) = \lambda^k \cdot Y(x_1, \ldots, x_i, \ldots, x_n)$? → Funktion ist homogen vom Grad k Sonst: inhomogen	$Y(\lambda x_1, \lambda x_2, \lambda x_3)$ $= \lambda^5 \cdot (x_1^5 + x_2^3 \cdot x_3^2)$ $= \lambda^5 \cdot Y(x_1, x_2, x_3)$ → homogen, Grad $k = 5$

Falls der Rechenweg bei der Frage des Homogenitätsgrads irrelevant ist, kann dies durch Abzählen der Exponenten schneller gelöst werden:

Anleitung	**Beispiel** $Y(x_1, x_2, x_3) = x_1^3 x_2 + x_2^2 x_3^2$
1. Einzelne Summanden betrachten und jeweils die Exponenten aufaddieren	Erster Summand: $k_1 = 3 + 1 = 4$ Zweiter Summand: $k_2 = 2 + 2 = 4$
2. Bei allen Summanden der gleiche Exponent k? → Funktion ist homogen vom Grad k	$k_1 = k_2 = 4$ → homogen, Grad $k = 4$

Liegt die Produktionsfunktion als gebrochenrationale Funktion vor, müssen Zähler und Nenner zunächst getrennt voneinander betrachtet und anschließend in Zusammenhang gebracht werden:

Anleitung	Beispiel
	$Y(x_1, x_2, x_3) = \dfrac{x_1^5 + x_2^3 \cdot x_3^2}{x_1 x_2^2 x_3^{0,5}}$
1. Homogenitätsgrad von Zähler und Nenner getrennt voneinander berechnen	Zähler: → $k_Z = 5$ Erster Summand: $k_{Z,1} = 5$ Zweiter Summand: $k_{Z,2} = 5$ Nenner: $k_n = 3,5$
2. Zähler und Nenner homogen vom Grad k_Z bzw. k_N? → Funktion ist homogen vom Grad $k = k_Z - k_N$	Homogen, Grad $k = k_z - k_n = 5 - 3,5 = 1,5$

Wenn Zähler und/oder Nenner (einzeln betrachtet) inhomogen sind/ist, so ist die gesamte Funktion ebenfalls inhomogen.

Die beiden Homogenitätsgrade werden voneinander subtrahiert, weil bei ausführlicher Herleitung ein Bruch der Form

$$Y(\lambda x_1, \lambda x_2, \lambda x_3) = \frac{\lambda^5 (x_1^5 + x_2^3 \cdot x_3^2)}{\lambda^{3,5}(x_1 x_2^2 x_3^{0,5})}$$

resultieren würde. Mithilfe eines Potenzgesetzes $\left(\dfrac{a^m}{a^n} = a^{m-n}\right)$ kann dieser dann vereinfacht werden:

$$= \lambda^{5-3,5} \cdot \frac{x_1^5 + x_2^3 \cdot x_3^2}{x_1 x_2^2 x_3^{0,5}} = \lambda^{1,5} \cdot \frac{x_1^5 + x_2^3 \cdot x_3^2}{x_1 x_2^2 x_3^{0,5}}$$

$$= \lambda^{1,5} \cdot Y(x_1, x_2, x_3)$$

Auch bei gebrochenrationalen Funktionen kann man also sowohl mit einem schnellen als auch mit einem ausführlicheren Weg arbeiten.

9.8. Extrempunkte

Die Berechnung lokaler Extrema dreidimensionaler Funktionen ähnelt der Berechnung lokaler Extrema im zweidimensionalen Raum (Abschn.

7.7). Sowohl aus Perspektive der x-Achse als auch aus Perspektive der y-Achse beträgt die Steigung im Extrempunkt null (siehe Abb. 9.7).

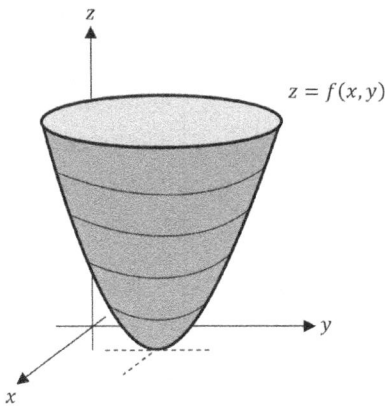

Abb. 9.7

Aus dieser Feststellung ergibt sich die Bedingung erster Ordnung. Im zweidimensionalen Fall wurde die Ableitung nach x gleich null gesetzt, im dreidimensionalen Fall müssen beide partiellen Ableitungen erster Ordnung (Gradient) gleich null sein:

Notwendige Bedingung: $f_x(x,y) = 0$ und $f_y(x,y) = 0$

Mithilfe der partiellen Ableitungen zweiter Ordnung (Hesse-Matrix) lassen sich dann die Extrempunkte klassifizieren. Dazu muss zunächst eine Hilfsfunktion aufgestellt werden, die die Determinante der Hesse-Matrix darstellt:

$$D(x,y) = f_{xx}f_{yy} - (f_{xy})^2$$

Zur Klassifizierung werden dann die berechneten Stellen aus der notwendigen Bedingung in $f_{xx}(x,y)$ und in $D(x,y)$ eingesetzt. Die berechneten Werte können dann mit der folgenden Tabelle verglichen werden:

$f_{xx}(x,y)$	$D(x,y)$	**Klassifizierung**
< 0	> 0	Maximum
> 0	> 0	Minimum
	< 0	Sattelpunkt
	= 0	Keine Aussage möglich

9.9. Optimieren unter einer Nebenbedingung

Häufig werden Funktionen unter einer Nebenbedingung optimiert, wodurch komplexere Probleme gelöst werden können. In den Wirtschaftswissenschaften wird dies häufig bei der Optimierung des Nutzens unter der Nebenbedingung einer Budgetrestriktion angewendet. Der Konsument möchte seinen Nutzen maximieren, hat aber gleichzeitig nur eine begrenzte Menge Geld, welches er für die Güter ausgeben kann.

Allgemein lässt sich das Optimierungsproblem schreiben als:

$$\max/\min f(x,y)$$
$$\text{u.d.N. } g(x,y) = c,$$

wobei die Funktion $f(x,y)$ optimiert werden soll und gleichzeitig die Nebenbedingung $g(x,y) = c$ berücksichtigt werden muss.

Zum Lösen dieses Optimierungsproblems gibt es zwei Ansätze, die im Folgenden erklärt werden.

Auflösen und Einsetzen

Der erste Ansatz zum Optimieren unter Nebenbedingungen funktioniert durch Auflösen der Nebenbedingung und anschließendes Einsetzen in die Funktion selbst.

Zunächst wird also mit der Nebenbedingung gearbeitet. Die Gleichung wird so umgeformt, dass das x oder das y isoliert steht:

$$x = h(y) \text{ oder } y = i(x)$$

Die dann entstehende Gleichung kann anschließend in die zu optimierende Funktion eingesetzt werden:

$$f(x,y) = f(h(y),y) \text{ \underline{oder} } f(x,y) = f(x,i(x))$$

Da die zu optimierende Funktion so nur noch von y bzw. nur noch von x abhängt, kann sie wie im zweidimensionalen Fall optimiert werden: Die entsprechende Ableitung wird gleich null gesetzt und aufgelöst (Abschn. 7.7). Durch diese Optimierung erhält man dann den optimalen Wert y^* bzw. x^*. Setzt man diesen anschließend in die umgeformte Nebenbedingung ein, erhält man auch den optimalen Wert der jeweils anderen Variablen:

$$x^* = h(y^*) \text{ \underline{bzw.} } y^* = i(x^*)$$

Das Optimierungsproblem ist dann gelöst, es wurden für beide Variablen die optimalen Stellen gefunden. Ist in der Aufgabenstellung auch nach dem optimalen Wert/Nutzen gefragt, müssen x^* und y^* noch in die Funktion $f(x,y)$ eingesetzt werden.

Lagrange-Ansatz

Der Lagrange-Ansatz ist ein allgemein geltender Ansatz zum Lösen von Optimierungsproblemen unter Nebenbedingungen und besteht aus drei Schritten:

1. Lagrange-Funktion aufstellen:
$$\mathcal{L}(x,y) = f(x,y) - \lambda(g(x,y) - c)$$
Die Nebenbedingung wird also zunächst zur Null aufgelöst (entweder $g(x,y) - c = 0$ oder $c - g(x,y) = 0$) und zusammen mit der Funktion in die Lagrange-Funktion eingesetzt. Der Parameter λ gibt den Schattenpreis an (dazu später mehr).

2. Bedingung erster Ordnung aufstellen (Gleichungssystem):
$\frac{\partial \mathcal{L}(x,y)}{\partial x} = 0$ und $\frac{\partial \mathcal{L}(x,y)}{\partial y} = 0$
und $\frac{\partial \mathcal{L}(x,y)}{\partial \lambda} = 0 \Leftrightarrow g(x,y) = c$
Die Lagrange-Funktion wird also partiell nach x, y und λ ab-

geleitet und jeweils gleich null gesetzt. Die Gleichung der Ableitung nach λ lässt sich dann wieder umformen zur Nebenbedingung.
3. Durch Auflösen des Gleichungssystems erhält man dann die optimalen Werte für x^*, y^* und den Schattenpreis λ^*. Für den optimalen Funktionswert setzt man x^* und y^* in die Funktion $f(x,y)$ ein.

Man erhält also auch beim Lagrange-Ansatz die optimalen Werte. Zusätzlich erhält man den Schattenpreis λ^*. Der Schattenpreis gibt an, um wie viel der optimale Wert (der Nutzen) $f(x^*,y^*)$ steigt, wenn die Nebenbedingung um eine Einheit gelockert wird ($c \to c+1$, 1 € mehr zur Verfügung). Der Wert des Schattenpreises ist dabei allerdings nur näherungsweise genau.

10. Lern- und Klausurtipps

Die Vorlesungsnotizen liegen bereit, das Studybees-Skript ist aufgeschlagen, die Google-Suchzeile wartet darauf, gefüllt zu werden – doch wie lernt man am besten? Wie bereitet man sich „richtig" auf eine Klausur vor? Wie steht man die Wochen des endlosen Lernens durch? *Studybees hat seine fleißigen Bienchen ausschwärmen lassen, um für euch die besten Klausurtipps zu sammeln.* Hier findet ihr unsere 10 wertvollsten Fundstücke:

1) **Erstelle einen Lernplan**, so behältst du den Überblick, selbst wenn dir der ganze Stoff und die vielen Klausurtermine über den Kopf wachsen.

2) **Lerne für die Klausur**, entscheide je nach Fach und Professor, ob du den Stoff auswendig lernen musst oder lieber doch auf das Verständnis der Formeln setzt. Gute Quellen sind Altklausuren, Fachschaft, ältere Semester. Falls du die Möglichkeit hast, stoppe die Zeit beim Rechnen einer Altklausur, denn so bekommst du ein Gefühl dafür, wie viel Zeit du für die Aufgaben hast.

3) **Bilde eine Lerngruppe** mit Freunden oder Kommilitonen, der Austausch in der Gruppe macht das Lernen gleich viel erträglicher.

4) **Trenne dich von der allseits beliebten Prokrasination**, frühzeitiges Anfangen bringt dich viel weiter. „Bestanden" fühlt sich ja auch echt besser an als „Durchgefallen, aber hab ja auch nichts dafür gemacht".

5) **Habe Mut zur Pause**, diese bringt dich oft viel weiter, als du gedacht hättest, vor allem wenn frische Luft und Bewegung im Spiel sind.

6) **Belohnungen müssen auch mal sein**, mit ein bisschen Schokolade auf dem Tisch lässt sich die eine oder andere Formel auf einmal leichter einprägen. Aber Vorsicht, dass die kleine Belohnung für Zwischendurch nicht zum ständigen Begleiter wird.

7) **Greife regelmäßig zu frischen Snacks** wie Nüssen, Trauben und Reiswaffeln. Diese sorgen im Gegensatz zum Schokoriegel für einen kleinen Energieschub, und du brauchst keine Angst haben, in der Klausurenphase zuzunehmen.

8) **Schlaf dich vor der Klausur gut aus**, so kannst du am nächsten Morgen voller Energie in die Prüfung starten. Auch wenn du aufgeregt bist, versuche am Tag davor, früh zur Ruhe zu kommen und ins Bett zu gehen.

9) **Lass dich am Tag der Klausur nicht von anderen verrückt machen**, du hast deinen Lernplan eingehalten, und das ist gut so. „Kurz nochmal das Wichtigste durchgehen" mit den Notizen der anderen verunsichert nur. Spaziere lieber noch einmal kurz um den Block und denk daran – gib einfach dein Bestes und dann wird das schon!

10) **Schaue die Klausur komplett durch, bevor du sie bearbeitest.** Gibt es Aufgaben, die besonders viele Punkte geben? Gibt es Fragen, zu welchen dir die Antwort direkt einfällt? Dann bearbeite diese zuerst, denn so merkst du, dass du dich mit dem Stoff auskennst, und die Anfangsaufregung wird automatisch weniger.

Weitere interessante Tipps zu Themen wie *die Mündliche Prüfung, Nach der Klausurenphase, Klausureinsicht* und eigentlich zu allem rund ums Studium und Studentenleben findest du auf www.studybees.de

11. Formelsammlung

11.1. Potenzgesetze

$a^r \cdot a^s = a^{r+s}$

$\dfrac{a^r}{a^s} = a^{r-s}$

$(a^r)^s = a^{rs}$

$(ab)^r = a^r b^r$

$\dfrac{1}{a^{-r}} = a^r$

$\dfrac{1}{a^r} = a^{-r}$

$a^{\frac{r}{s}} = \sqrt[s]{a^r}.$

11.2. Wurzelgesetze

$\sqrt[n]{a} \cdot \sqrt[n]{b} = \sqrt[n]{ab}$

$\dfrac{\sqrt[n]{a}}{\sqrt[n]{b}} = \sqrt[n]{\dfrac{a}{b}}$

$\left(\sqrt[n]{a}\right)^m = \sqrt[n]{a^m}$

$\sqrt[m]{\sqrt[n]{a}} = \sqrt[mn]{a}.$

$\sqrt[n]{a^m} = a^{\frac{m}{n}}$

11.3. Logarithmusgesetz

$x = \log_a y \leftrightarrow y = a^x$

$\ln x = \log_e x$

$e^{\ln(x)} = x$

$\ln(e^x) = x$

$\ln x + \ln y = \ln xy$

$\ln x - \ln y = \ln \dfrac{x}{y}.$

$n \cdot \ln x = \ln(x^n)$

$-\ln x = \ln(x^{-1}) = \ln \dfrac{1}{x}$

11.4. Betrag

$|a \cdot b| = |a| \cdot |b|$
$\left|\dfrac{a}{b}\right| = \dfrac{|a|}{|b|}$
$|a| = |-a|$

$|a^n| = |a|^n.$

11.5. Summen und Doppelsummen

$$\sum_{i=1}^{n} a_i = a_1 + a_2 + a_3 + a_4 + \cdots + a_n \qquad \sum_{i=1}^{n} c \cdot a_i = c \cdot \sum_{i=1}^{n} a_i$$

$$\sum_{i=1}^{n} (a_i \pm b_i) = \sum_{i=1}^{n} a_i \pm \sum_{i=1}^{n} b_i \qquad \sum_{i=u}^{n} c = (n - u + 1) \cdot c$$

$$\sum_{i=1}^{n} \sum_{j=1}^{m} a_{ij} = a_{11} + \cdots + a_{1m} + a_{21} + \cdots + a_{2m} + \cdots + a_{n1} + \cdots + a_{nm}$$

11.6. Intervalle

$[a,b] = \{x \in \mathbb{R} \mid a \leq x \leq b\}$
$(a,b) = \{x \in \mathbb{R} \mid a < x < b\}$
$(a,b] = \{x \in \mathbb{R} \mid a < x \leq b\}$
$[a,b) = \{x \in \mathbb{R} \mid a \leq x < b\}$

$(a, \infty) = \{x \in \mathbb{R} \mid a < x\}$
$(-\infty, b) = \{x \in \mathbb{R} \mid x < h\}$
$[a, \infty) = \{x \in \mathbb{R} \mid a \leq x\}$
$(-\infty, b] = \{x \in \mathbb{R} \mid x \leq b\}$

11.7. Folgen und Reihen

Arithmetische Folge
$a_n = a_0 + nd$
$a_{n+1} = a_n + d$
Mit d konstant: $a_{n+1} - a_n = d$

Geometrische Folge
$a_n = a_0 q^n$
$a_{n+1} = a_n q$
Mit q konstant: $q = \dfrac{a_{n+1}}{a_n}$

Quotientenkriterium
$\lim\limits_{n \to \infty} \left|\dfrac{a_{n+1}}{a_n}\right| = q < 1$

Wurzelkriterium
$\lim\limits_{n \to \infty} \sqrt[n]{|a_n|} = q < 1$

11.8. Symmetrie

y-Achsensymmetrie
$f(-x) = f(x)$

Drehsymmetrisch zum Ursprung
$f(-x) = -f(x)$

11.9. Nullstellen von quadratischen Funktionen

Funktion
$f(x) = ax^2 + bx + c$

Mitternachtsformel
$$x_{1,2} = \frac{-b \pm \sqrt{b^2 - 4ac}}{2a}$$

pq-Formel
$$x_{1,2} = -\frac{p}{2} \pm \sqrt{\left(\frac{p}{2}\right)^2 - q}$$

Mit $p = \frac{b}{a}$ und $q = \frac{c}{a}$

11.10. Grenzwerte

Regel von L'Hospital

$$\lim_{x \to \pm\infty} \frac{f(x)}{g(x)} = \lim_{x \to \pm\infty} \frac{f'(x)}{g'(x)} = \lim_{x \to \pm\infty} \frac{f''(x)}{g''(x)} = \dots$$

11.11. Ableitungen

$f(x) = c$ $\qquad$ $f'(x) = 0$

$f(x) = c \cdot g(x)$ $\qquad$ $f'(x) = c \cdot g'(x)$

$f(x) = x^a$ $\qquad$ $f'(x) = ax^{a-1}$

$f(x) = \sqrt{x} = x^{\frac{1}{2}}$ $\qquad$ $f'(x) = \frac{1}{2}x^{-\frac{1}{2}} = \frac{1}{2} \cdot \frac{1}{x^{\frac{1}{2}}} = \frac{1}{2\sqrt{x}}$

$f(x) = g(x) \pm h(x)$ $\qquad$ $f'(x) = g'(x) \pm h'(x)$

$f(x) = g(x) \cdot h(x) = u \cdot v$ $\qquad f'(x) = g'(x)h(x) + g(x)h'(x) = u'v + uv'$

$f(x) = \frac{g(x)}{h(x)} = \frac{u}{v}$ $\qquad f'(x) = \frac{g'(x)h(x) - g(x)h'(x)}{h(x)^2} = \frac{u'v - uv'}{v^2}$

$f(x) = g\bigl(h(x)\bigr)$ $\qquad f'(x) = g'\bigl(h(x)\bigr) \cdot h'(x)$

$f(x) = e^x$ $\qquad f'(x) = e^x$

$f(x) = e^{g(x)}$ $\qquad f'(x) = e^{g(x)} \cdot g'(x)$

$f(x) = \ln(x)$ $\qquad f'(x) = \frac{1}{x}$

$f(x) = \ln\bigl(g(x)\bigr)$ $\qquad f'(x) = \frac{1}{g(x)} \cdot g'(x)$

$f(x) = \bigl(g(x)\bigr)^a$ $\qquad f'(x) = a \cdot \bigl(g(x)\bigr)^{a-1} \cdot g'(x)$

$f(x) = \sqrt[a]{g(x)} = g(x)^{\frac{1}{a}}$ $\qquad f'(x) = \frac{1}{a} \cdot \bigl(g(x)\bigr)^{\frac{1}{a}-1} \cdot g'(x)$

11.12. Monotonie, Konvexität, Konkavität

$f'(x) > 0 \to$ streng monoton steigend $\qquad f''(x) > 0 \to$ streng konvex
$f'(x) < 0 \to$ streng monoton fallend $\qquad f''(x) < 0 \to$ streng konkav
$f'(x) \geq 0 \to$ monoton steigend $\qquad f''(x) \geq 0 \to$ konvex
$f'(x) \leq 0 \to$ monoton fallend $\qquad f''(x) \leq 0 \to$ konkav
$f'(x) = 0 \to$ monoton steigend und monoton fallend $\qquad f''(x) = 0 \to$ konvex und konkav

11.13. Taylor-Approximation

$$\tilde{f}(x) \approx f(a) + \frac{f'(a)}{1!}(x-a) + \frac{f''(a)}{2!}(x-a)^2 + \cdots + \frac{f^{(n)}(a)}{n!}(x-a)^n$$

11.14. Elastizität

$$\varepsilon_{y,x} = \frac{dy/dx}{y/x} = \frac{df(x)}{dx} \cdot \frac{x}{f(x)}$$

11.15. Integralrechnung

Stammfunktionen

$f(x) = ax^n$ $\qquad F(x) = \int ax^n dx = \frac{a}{n+1} x^{n+1} + c$

$f(x) = a \cdot g(x)$ $\qquad F(x) = \int a \cdot g(x) dx = a \cdot \int g(x) dx$

$f(x) = g(x) \pm h(x)$ $\qquad F(x) = \int g(x) \pm h(x) dx = \int g(x) dx \pm \int h(x) dx$

$f(x) = \frac{1}{x}$ $\qquad F(x) = \ln|x| + c$

$f(x) = g'(x)h(x)$ $\qquad F(x) = \int g'(x)h(x) dx = g(x)h(x) - \int g(x)h'(x) dx$

Bestimmtes Integral

$$\int_a^b f(x)dx = [F(x)]_a^b = F(b) - F(a) \qquad \int_{-\infty}^b f(x)dx = \lim_{a \to -\infty} \int_a^b f(x)dx$$

$$\int_a^\infty f(x)dx = \lim_{b \to \infty} \int_a^b f(x)dx \qquad \int_{-\infty}^\infty f(x)dx = \lim_{a \to -\infty} \lim_{b \to \infty} \int_a^b f(x)dx$$

Flächeninhalt (mit b und c als Nullstellen im Intervall)

$$\int_a^d f(x)dx = \left|\int_a^b f(x)dx\right| + \left|\int_b^c f(x)dx\right| + \left|\int_c^d f(x)dx\right|$$

11.16. Mehrdimensionale Funktionen

Partielle Ableitung

$$\frac{\partial f(x_1,\dots,x_i,\dots,x_n)}{\partial x_i} = f_i(x_1,\dots,x_i,\dots,x_n) \qquad \frac{\partial^2 f(x,y)}{\partial^2 y} = \frac{\partial}{\partial y}\left(\frac{\partial f(x,y)}{\partial y}\right) = f_{yy}$$

$$\frac{\partial^2 f(x,y)}{\partial^2 x} = \frac{\partial}{\partial x}\left(\frac{\partial f(x,y)}{\partial x}\right) = f_{xx} \qquad \frac{\partial^2 f(x,y)}{\partial x \partial y} = \frac{\partial}{\partial x}\left(\frac{\partial f(x,y)}{\partial y}\right) = f_{xy}$$

Gradient und Hesse-Matrix

$$\nabla f(x_1,x_2,\dots,x_n) = \begin{pmatrix} f_{x_1}(x_1,x_2,\dots,x_n) \\ f_{x_2}(x_1,x_2,\dots,x_n) \\ \dots \\ f_{x_n}(x_1,x_2,\dots,x_n) \end{pmatrix} \qquad H(x_1,x_2,\dots,x_n) = \begin{pmatrix} f_{11} & f_{12} & \cdots & f_{1n} \\ f_{21} & f_{22} & \cdots & f_{2n} \\ \vdots & \vdots & \ddots & \vdots \\ f_{n1} & f_{n2} & \cdots & f_{nn} \end{pmatrix}$$

Partielles Differential

$$df_{x_i} = \frac{\partial f}{\partial x_i} dx_i$$

Totales Differential

$$df = \sum_{i=1}^{n} df_{x_i}$$

Grenzrate der Substitution

$$R_{xy} = \frac{f_x(x,y)}{f_y(x,y)}$$

Partielle Elastizität

$$\varepsilon_{f,x_i} = \frac{\partial f(x_1,\dots x_i,\dots,x_n)}{\partial x_i} \cdot \frac{x_i}{f(x_1,\dots,x_i,\dots,x_n)}$$

Homogenität

$$Y(\lambda x_1,\dots,\lambda x_i,\dots,\lambda x_n) = \lambda^k \cdot Y(x_1,\dots,x_i,\dots x_n)$$
→ homogen, Grad k

Lokale Extrempunkte

Notwendige Bedingung: $f_x(x,y) = 0$ und $f_y(x,y) = 0$

Klassifizierung:

$f_{xx}(x,y)$	$D(x,y) = f_{xx}f_{yy} - (f_{xy})^2$	Klassifizierung
< 0	> 0	Maximum
> 0	> 0	Minimum
	< 0	Sattelpunkt
	= 0	Keine Aussage möglich

Optimieren unter Nebenbedingung mit Lagrange-Ansatz

max/ min $f(x,y)$

u.D.N. $g(x,y) = c$

$\mathcal{L}(x,y) = f(x,y) - \lambda(g(x,y) - c)$

$\frac{\partial \mathcal{L}(x,y)}{\partial x} = 0$ und $\frac{\partial \mathcal{L}(x,y)}{\partial y} = 0$ und $\frac{\partial \mathcal{L}(x,y)}{\partial \lambda} = 0 \Leftrightarrow g(x,y) = c$

Stichwortverzeichnis

A

Ableitung.......... *Siehe Differentialrechnung*

D

Differentialrechnung 1, 69–96
  Ableiten 71–76
  Elastizität 82
  Extrempunkte 85
  Kettenregel 72
  Konkavität.......... 78
  Konvexität.......... 78
  Monotonie ... 76–77
  Potenzregel 71
  Produktregel...... 72
  Quotientenregel . 72
  Sattelpunkte 91
  Summenregel 72
  Taylor-Approximation 81
  Wendepunkte 89
  Zusammenhänge 94
Doppelsummen.... 5–6

E

Elastizität 82, 118
Extrempunkte 85, 123

F

Folge 11–15
  arithmetische..... 12
  divergente 15
  explizite 14
  geometrische..... 12
  Konvergenz 14
  Monotonie der Folge 11
  rekursive 14
Funktionen 21–29
  Definitionsbereich 22
  Differenzierbarkeit 42
  inverse 40
  Invertierbarkeit .. 42
  Manipulation 34
  Scheitelpunkt..... 26
  Spiegeln 34
  Stetigkeit..... 42, 67
  Strecken/Stauchen 34
  Symmetrie.......... 38
  Umkehrfunktion . 41
  Verketten 39
  Verschieben....... 34
  Wertebereich 22
Funktionstypen 23–29
  biquadratische ... 49
  e-Funktion 32
  Exponential- 30
  gebrochenrationale 45
  Gerade............ 24
  Hyperbel 27
  lineare.............. 23
  Logarithmus 33
  Parabel............ 25
  Polynom 26
  Potenz............. 26
  quadratische..... 25
  Wurzel 29

G

Ganze Zahlen.......... 9
Grenzrate der Substitution 116
Grenzwerte...... 59–67
  Funktionssprünge 59
  Regel von L'Hospital 66
  Verhalten im Unendlichen.. 61

H

Homogenität........ 119

I

Integralrechnung ... 1, 97–107
  Bestimmtes Integral 102
  Faktorregel 98
  Fläche 103
  Integration durch Substitution . 101
  Integrieren 98–102
  Logarithmus...... 99
  partielle Integration 100
  Potenzregel 98
  Stammfunktion 97, 98–102
  Summenregel ... 99
  Uneigentliches Integral 105
  Zusammenhänge 106
Intervalle.............. 10

K

Komplexe Zahlen..... 9
Konkavität 78
Konvexität 78

M

Mehrdimensionale Funktionen 109–26
  Extrempunkte .. 123
  Gradient 113
  Grenzrate der Substitution . 116
  Hesse-Matrix.... 114
  Höhenlinie 110

Stichwortverzeichnis

Homogenität.... 119
Koordinatensystem 110
Lagrange......... 126
Optimieren unter einer Nebenbedingung 124
partielle Ableitung 111
Partielle Ableitung 113
Partielle Elastizität 118
Partielles Differential 114
Skalenerträge .. 119
totales Differential 115
Mengenlehre 6–10
Differenz 8
disjunkte Mengen 8
Durchschnitt 8
identische Mengen 6
Schnittmenge ..7, 8
Teilmenge 7
Vereinigung 8
Monotonie 76–77

N

Natürliche Zahlen.... 9
Nullstellen 29–58
Intervallhalbierung 53
Mitternachtsformel 47
Nullprodukt........46
Polynomdivision .50
pq-Formel 48
Substitution 49
Nullstellennäherung 52
Newton-Verfahren 56
Regula Falsi 54

P

Partielles Differential 114

R

Rationale Zahlen 9
Reelle Zahlen 9
Reihe 15–20
arithmetische.... 16
geometrische.... 16
Konvergenz 16
Quotientenkriterium 16
Wurzelkriterium 18

S

Sattelpunkte 91
Skalenerträge 119
Summenzeichen ...3–6

T

Taylor-Approximation 81
Totales Differential 115

W

Wendepunkte 89

Z

Zahlenmengen 9

The manufacturer's authorised representative in the EU is Springer Nature Customer Service Centre GmbH, Europaplatz 3, 69115 Heidelberg, Germany. If you have any concerns regarding our products, please contact ProductSafety@springernature.com

Printed and bound by CPI Group (UK) Ltd, Croydon, CR0 4YY
25/03/2026
02078225-0013